W0348142

Dein perfektes Rennrad

Guy Andrews

Covadonga Verlag

covadonga

Die Originalausgabe dieses Buches wurde im Jahr 2010 von Laurence King Publishing Ltd., London, gestaltet, produziert und veröffentlicht.
Originaltitel: The Custom Road Bike

Copyright © 2010 Guy Andrews
Deutsche Übersetzung © 2010 Covadonga Verlag, Bielefeld

Guy Andrews:
Dein perfektes Rennrad

Aus dem Englischen von Olaf Bentkämper

ISBN 978-3-936973-54-9

Alle Rechte vorbehalten. Wiedergabe, auch auszugsweise,
nur mit ausdrücklicher Genehmigung des Verlags.

Gestaltung: Jonathan Bacon
Fotografien und Bildrecherche: Gerard Brown
Bearbeitung der deutschen Ausgabe: Stefanie Freise (Layout)

Umschlaggestaltung: Jonathan Bacon, Stefanie Freise
Umschlagfoto: Gerard Brown

Hergestellt in China.

Inhalt

INDEPENDENT

PEUGEOT
MAFAC
MAFAC
MAFAC

Einleitung

Ich habe dieses Buch viele Male begonnen, meistens in Tagträumen, auf Trainingsfahrten in den Bergen oder auf dem Heimweg nach einem Rennen. Genau wie vermutlich auch du habe ich in meinem Leben also mehr über Fahrräder nachgedacht, als wahrscheinlich gesund ist. Angefangen hat alles mit einem kleinen Schränkchen in meinem Zimmer. Dort habe ich, als ich vor mehr als 25 Jahren mit Radrennen anfing, meine ganzen neuen Fahrradteile aufbewahrt und sorgfältig in Schachteln sortiert, um sie irgendwann in mein nächstes Rad, auf das ich sparte, einbauen zu können.

Räder sind noch immer meine Leidenschaft, aber nichts lässt sich mit meiner Begeisterung vergleichen, als ich mich zum ersten Mal in ein Fachgeschäft wagte und sehnsüchtig in eine Vitrine voller italienischer Komponenten blickte. Meine vielen Fragen zogen endlose Diskussionen mit den Angestellten nach sich. Ich machte Fehler, bei denen einiges zu Bruch ging, und probierte alles Mögliche aus. Mir wurde klar, dass der Reiz eines Fahrrads nicht nur in seiner Form und Funktion liegt, sondern auch in den einzelnen Bestandteilen und dem Zusammenbau als solchem.

Heute habe ich als Chefredakteur des „Rouleur"-Magazins das Glück, meiner Leidenschaft für Räder jeden Tag nachgehen zu können und viele begabte Menschen kennenzulernen, die mit Rennraddesign und -technologie zu tun haben. Ihnen allen ist eines gemeinsam: Sie lieben das, was sie tun.

Beim Aufbau eines neuen Rennrads geht eine Menge Zeit für die Planungen drauf. Vielleicht ist das sogar das Schönste an der ganzen Sache. Auch heute noch liege ich manchmal nachts wach und grüble über Ideen für mein nächstes Rad. Ein Fahrrad ist nie wirklich fertig.

In diesem Buch geht es nicht darum, sämtliche Fragen rund ums Rennrad zu beantworten. Vielmehr soll es dir mit Rat und Tat zur Seite stehen und dir die eine oder andere Entscheidung erleichtern. Ich habe mich vornehmlich mit High-Performance-Rädern befasst, vor allem für den Straßenbereich. Auch Zeitfahr- und Bahnräder werden berücksichtigt, ebenso wie die heikelste aller Varianten, das Crossrad. Das sind die Radtypen, mit denen ich mich am besten auskenne, und sie alle sind hier vertreten.

Jedes Kapitel behandelt ein bestimmtes Bauteil des Rennrads. Hinzu kommen spezielle Beiträge zum umfangreichsten Thema, dem Rahmenbau. Ich habe unzählige Räder gebaut, aber noch nie einen Rahmen. Deshalb habe ich ausgewiesene Experten auf diesem Gebiet gebeten, ihre Erfahrungen zu schildern. Dabei handelt es sich um Konstrukteure, die nicht für den Massenmarkt produzieren, sondern sich an höchsten Anforderungen orientieren und Räder für Profis und anspruchsvolle Liebhaber fertigen.

Räder sind wie Musik, es gibt viele verschiedene Genres und Stile. Was mich fasziniert, ist die Bandbreite unterschiedlicher Herangehensweisen und Philosophien, die sich gegenseitig befruchten und beeinflussen. Das hat sich in den vielen Gesprächen, die ich mit zahlreichen Herstellern geführt habe, gezeigt. Sie alle sind mit Herzblut bei der Sache, und ihr Ziel ist es, dir Freude an deinem Rad und am Radsport zu bereiten. Das ist ihre Leidenschaft. Denn wie sagte schon Eddy Merckx? „Ohne Leidenschaft ist das Leben so leer."

fi'zi:k
KING
INDEPENDENT
SRAM FORCE

Räder

Das beste Rad für dich

Welches ist das beste Rad, das man kaufen kann? Diese Frage wird mir andauernd gestellt, und sie ist nie leicht zu beantworten. Meistens entgegne ich: „Wie viel willst du denn ausgeben?", gefolgt von vielen weiteren wichtigen Fragen. Es geht dabei aber nicht nur ums Geld. Solche Beratungen können sich über Stunden oder sogar Tage hinziehen. Folgende Punkte solltest du berücksichtigen: Welche Art Fahrer bist du? Bist du bereits ein passabler Fahrer, ein enthusiastischer Anfänger, der sich verbessern möchte, oder eher der gemütliche Typ, der sich ein schönes Rad für lange Ausfahrten im Sommer wünscht? Was genau hast du mit dem Rad vor? Je nachdem, ob du Wettkämpfe, Trainingsfahrten oder lockere Ausflüge planst, muss das Rad spezifische Anforderungen erfüllen. Bist du ein schwerer Fahrer oder brauchst du viel Zubehör? Wirst du dein Rad hegen und pflegen? Wenn du dein Rad nicht sauber hältst und häufig Laufräder und Komponenten verschleißt, verwendest du möglicherweise das falsche Material.

Auf diese Fragen gibt es keine falschen Antworten, aber sie alle sind wichtig. Du musst wissen, ob du schnell über die Berge kommen oder einfach nur die Aussicht genießen möchtest. Solche Fragen kannst du dir nur selbst beantworten, und mit ihnen solltest du die Suche nach dem für dich richtigen Rad beginnen. Orientiere dich nicht daran, welche Räder die Profis fahren – das sind durchtrainierte Athleten, die spezielle, exakt auf ihre Bedürfnisse abgestimmte Räder benutzen, die dementsprechend völlig ungeeignet sind für Normalsterbliche wie dich und mich. Wir gehen schließlich nicht bei der Tour de France an den Start. In diesem Buch kommen nur wenige Räder vor, die für Tour-Profis in Frage kämen. Den Konstrukteuren, die hier zurate gezogen wurden, geht es eher um handwerkliche Gesichtspunkte als um die reine Performance.

Es gibt viele Dinge, die bei einem Rennrad zu berücksichtigen sind. Du solltest aber stets bedenken, dass eine Rennmaschine, wie sie im Profizirkus zum Einsatz kommt, deinen Bedürfnissen wahrscheinlich nicht gerecht wird. Wenn du besonders groß bist oder mit bestimmten Verletzungsproblemen zu kämpfen hast, die besondere Rahmenspezifikationen erfordern, ist dir mit dem Nachbau eines Profirads nicht gedient.

Nachdem du dir also überlegt hast, welchen Zweck das Rad erfüllen soll, solltest du darüber nachdenken, was du dir vom Radfahren erhoffst. Halte dich nicht mit der Frage auf, welche Farbe dir am besten gefällt oder welches Material dieser oder jener Profi in diesem Jahr verwendet. Profis sind eigentlich ziemlich pragmatische Gesellen. Sie geben ihre Räder am Ende der Saison einfach wieder ab und schwingen sich dann auf das nächste, das man ihnen in die Hand drückt. Dein Rad aber wird dich vermutlich eine ganze Weile begleiten. Es macht keinen Sinn, die leichteste und modernste Rennmaschine zu fahren, wenn du nicht weiter als bis zur nächsten Straßenecke kommst oder nach 50 km mit Rückenschmerzen aufgeben musst. Der Fahrkomfort sollte immer an erster Stelle stehen.

Meiner Meinung nach ist das richtige Rad für dich jenes, das du jeden Tag fahren möchtest und das eine persönliche Bedeutung für dich hat. Das heißt, dass du genau darauf achten solltest, wie es gebaut wurde, wer es gebaut hat und wie gut es auf dich abgestimmt ist. Wende dich an Fachleute, die sich damit auskennen. Füttere sie mit den richtigen Informationen, und ich bin sicher, dass sie dich mit dem für dich besten Rad ausstatten werden.

IN DIESEM ABSCHNITT

Ben Ingham

BUONASERA
SIGNORINA

Das Rennrad

Der Standardaufbau von Rennrädern bildet die Basis, an der sich alle anderen Formen, vom Bahnrad bis zum Mountainbike, orientieren. Zwar können die Räder, die von den Profis verwendet werden, je nach Wettkampf variieren, und natürlich stellt ein Rennen wie Paris–Roubaix ganz andere Anforderungen an ein Rad als z.B. eine Straßen-WM oder der Prolog der Tour de France; hinsichtlich Aufbau und Design sind sie sich alle aber ziemlich ähnlich. Rennräder verfügen über mehrere Gänge und meistens einen Rennlenker, der verschiedene Griffpositionen erlaubt: mit den Händen am Oberlenker zum Klettern und lockeren Dahinrollen, vorne an den Brems- und Schalthebeln für eine kontrollierte Fahrweise im Feld oder aber am Unterlenker, um höhere Geschwindigkeiten und eine aerodynamischere Position zu erzielen.

Der Diamantrahmen ist seit mehr als hundert Jahren die Norm im Rennradbereich (siehe „Rahmengeometrie", Seite 42). Weil diese Form nach wie vor die beste Mischung aus Leichtigkeit, Stabilität und Fahrkomfort gewährleistet, hat sich an der grundlegenden Geometrie seither kaum etwas verändert. Es gibt Stimmen, die meinen, dass die Vorgaben des Internationalen Radsportverbands UCI hinsichtlich Rohrspezifikationen, Gewicht und Geometrie echte Innovationen verhindern und dass sich das Design durchaus verbessern ließe. Zumeist werden sie aber durch die Realität widerlegt. Man kann auf einem Liegerad einfach nicht besonders schnell über Kopfsteinpflaster fahren, und man kann auf einem BMX-Rad keine Cyclocross-Rennen bestreiten.

Auch die Komponenten-Komposition, die an einem Rennrad zu finden ist, hat sich seit langem als Standard durchgesetzt. Natürlich werden die einzelnen Elemente weiterentwickelt, aber der grundsätzliche Ansatz mit Kettenantrieb und Schaltung hat sich im Wesentlichen seit Jahrzehnten nicht verändert – weil er funktioniert und weil er einfach zu handhaben und zu warten ist.

Neue Materialien haben den Charakter moderner Rennradrahmen verändert. Carbon z.B. hat den Designern neue Möglichkeiten erschlossen, die bis dahin undenkbar waren. Die daraus gebauten Räder sind leichter und steifer und sprechen außerdem besser an als jemals zuvor. Carbon kann aber auch Probleme verursachen, wenn es schlecht konstruiert und verarbeitet ist. Gerade dadurch zeichnen sich die in diesem Buch vorgestellten Rahmenbauer aus: Sie alle stellen hochwertige, sorgfältig verarbeitete Standardrennräder her, die darüber hinaus auf individuelle Bedürfnisse und Fähigkeiten zugeschnitten sind.

PARLEE

„Neue Materialien haben den Charakter moderner Rennradrahmen verändert. Carbon z.B. hat den Designern neue Möglichkeiten erschlossen, die bis dahin undenkbar waren."

EPS

Das Zeitfahrrad

Es gibt viele falsche Vorstellungen darüber, was ein gutes Zeitfahrrad ausmacht. Um ein schnelles Zeitfahren zu bestreiten, musst du eine kraftvolle und gleichzeitig entspannte Fahrposition mit einer flüssigen, gleichmäßigen Tritttechnik verbinden. Bevor du dir über Aerodynamik den Kopf zerbrichst, solltest du prüfen, wie gut das Rad auf dich abgestimmt ist, und deine Sitzposition gemeinsam mit einem Fachmann unter die Lupe nehmen. Viele Fahrer glauben, dass ein höherer Sattel automatisch einen kraftvolleren Tritt bedeutet. Aber in Verbindung mit einer tieferen Lenkerposition (weil das ja logischerweise den Luftwiderstand verringern müsste) hat das lediglich zur Folge, dass du die Hüfte abkippst und der Körper weiter nach vorn rutscht, wodurch du an Kraft einbüßt. Sogar manche Profis begehen diesen Fehler. Obwohl sie auf ihrem normalen Rad eine perfekte Position haben, sehen sie im Kampf gegen die Uhr eher unbedarft aus. Ich bin sicher, dass viele von ihnen auf einem normalen Rennrad mit Zeitfahrlenker schneller wären.

Die Abstimmung ist ungemein wichtig. Das solltest du berücksichtigen, bevor du dir eine teure Hightech-Maschine bauen lässt, wie sie eher für Profis geeignet wäre. Das sind durchtrainierte und sehr bewegliche Athleten, die mit extremen Fahrpositionen umgehen können, auch wenn sie es manchmal falsch machen. Die Zeitfahrmaschinen, die von Profiteams eingesetzt werden, sind einfach nicht für jedermann geeignet. Die Abstimmung ist viel wichtiger als Aerodynamik. Ich habe mich einmal auf Chris Boardmans Bahnrad von Lotus gesetzt und hätte mir beinahe einen Bandscheibenvorfall zugezogen. Seine ultraaerodynamische Fahrposition war selbst für sehr bewegliche Fahrer zu extrem. Für ihn aber war sie genau richtig und – was noch wichtiger ist – sogar bequem. Dank seiner besonderen Physiognomie war er den Anforderungen gewachsen, die sein Rad an seinen Körper stellte.

Trotzdem ist Aerodynamik natürlich ein wichtiges Thema beim Zeitfahren. Spezielle Kleidung und Laufräder, Aero-Helme und Triathlon-Lenker haben den „Kampf gegen die Uhr" zu einer echten Materialschlacht gemacht. Dank des Triathlon-

ZIPP
CEROTTA COMPOSITES
CEROTTA
Lightweight
Lightweight
Lightweight
Lightweight

Booms erzielen die Hersteller mit speziellem Aero-Equipment beträchtliche Umsätze. Seitdem Greg LeMond 1989 beim abschließenden Zeitfahren der Tour de France mit einem Triathlon-Lenker von Scott zum Sieg fuhr, hat sich diese Lenkerform als Standard beim Kampf gegen die Uhr durchgesetzt. Seitens der UCI gibt es allerdings strenge Vorgaben dahingehend, was bei Wettkämpfen erlaubt ist, und die Unternehmen stellen zumeist nur Komponenten her, die diesen Richtlinien entsprechen. Denke immer daran, dass die Abstimmung von Lenker und Vorbau weitaus wichtiger ist als die Materialien, aus denen sie hergestellt werden. Auch Schalt- und Bremshebel sind aerodynamischer geworden: Schalthebel sind heute am Lenkerende montiert und die Bremshebel so schmal wie möglich gehalten.

Statt in teure Schalt- und Bremshebel solltest du besser in Laufräder und Reifen investieren. Welche Rolle die Aerodynamik spielt, hängt auch von unterschiedlichen Wind- und Streckenverhältnissen ab. Bei einer Einzelverfolgung auf der Bahn sind andere Laufräder gefragt als bei einem langen, welligen Zeitfahren mit Seitenwind. Scheibenräder sind inzwischen der Standard bei Zeitfahren (allerdings nur hinten, denn ein Scheibenrad vorne ist bei Seitenwind unmöglich zu kontrollieren). Laufräder sind ein Themenbereich für sich und werden später gesondert behandelt (siehe „Laufräder“, Seite 72).

VUKA BULL™
ZIPP

Das Bahnrad

Genaue Abmessungen und eine fehlerfreie Montage sind erforderlich, um bei Geschwindigkeiten von mehr als 60 km/h ein einwandfreies Handling und präzise Kontrolle zu gewährleisten. Doch unabhängig davon, mit welchem Tempo du unterwegs bist, ist ein Bahnrad ganz anders beschaffen als sein für die Straße vorgesehener Verwandter.

Ein starrer Gang ist zunächst gewöhnungsbedürftig, für die Bahn aber absolut sinnvoll. Man stellt sich rasch auf die gleichbleibende Übersetzung ein und lernt, durch dosiertes Herausnehmen das Tempo zu drosseln. Fahrradübersetzungen wurden früher in Zoll angegeben. Einige Bahnspezialisten haben sich diese Tradition bewahrt, weshalb man sie manchmal von „90ern" oder „86ern" reden hört. Für jemanden, der ein Rennrad mit 20 Gängen gewohnt ist, klingt das ziemlich komisch. Diese scheinbar zufälligen Zahlen beziehen sich auf die Distanz, die

PEGORETTI
SCHWALBE STELVIO
SCHWALBE STELVIO

„Ein Bahnrad kommt ohne Gänge und Bremsen aus und erhält dadurch einen besonders unverfälschten Charakter. Gleichwohl muss es trotz der speziellen technischen Vorgaben in der Lage sein, mit den Anforderungen von Hochgeschwindigkeitsrennen auf einer Bahn fertig zu werden."

ein Rad bei einer Pedalumdrehung zurücklegt. Welche Übersetzung du verwendest, hängt von der gewünschten Trittfrequenz ab. Üblich sind 49/15 oder 50/15, je nach Wettkampfart und Beschaffenheit der Bahn. Es ist kein Wunder, dass Bahnfahrer eine hohe Kadenz und einen flüssigen Tritt entwickeln, schließlich können sie nicht einfach den Gang wechseln, wenn sie z.B. in einem langen Rennen in Schwierigkeiten geraten. Auf der Bahn kommen außerdem spezielle, perfekt ausgerichtete Kurbeln mit einem einzelnen Kettenblatt zum Einsatz, die eine ideale Kettenlinie gewährleisten. Die Kurbeln sind normalerweise kürzer als bei Rennrädern, denn sie ermöglichen eine schnelle Beschleunigung und verhindern zudem, dass man auf den Überhöhungen in den Kurven mit dem Pedal auf der Bahn aufsetzt.

Das Lenken erfordert auf der Bahn noch mehr Geschick als auf der Straße, denn schon kleinste Gewichtsverlagerungen können drastische Folgen haben. Schau dir einmal einen Fahrer bei der Einzelverfolgung an und du wirst feststellen, dass sich seine Arme auch bei Höchstgeschwindigkeit kaum bewegen und dass sein Rad nie die Ideallinie verlässt. Beobachtest du denselben Fahrer beim Sprint, kannst du sehen, wie bereits winzigste Lenkbewegungen – bei scheinbar gleicher Geschwindigkeit – seine Position auf der Bahn verändern. Dafür sorgt die spezielle Gabelgeometrie des Bahnrads. Während Rennradgabeln meistens einen Vorlauf haben, um höheren Komfort und bessere Richtungsstabilität zu gewährleisten, spielt der Komfort bei einem Bahnrad kaum eine Rolle. Daher werden fast gerade Gabeln verwendet. Das ergibt ein wendiges, aber auch ziemlich nervöses Rad, das für den Straßenverkehr eher ungeeignet ist.

Auf der Bahn werden meistens Schlauchreifen verwendet. Sie sind leicht und können auch nach einem Reifendefekt noch gefahren werden (wenn auch vorsichtig). Die Wahl der Laufräder hängt von der Art des Wettkampfs ab, meist werden aber Scheibenräder und Hochprofilfelgen bevorzugt, die höhere Geschwindigkeiten, größere Steifigkeit und mehr Windschlüpfrigkeit gewährleisten. Ein im Vergleich zum normalen Rennlenker etwas tiefer ausgestellter Lenker ermöglicht zudem eine kraftvollere Fahrposition. Das sind die Grundlagen – der Rest richtet sich nach den Erfordernissen des jeweiligen Wettbewerbs.

Das Crossrad

Querfeldein, auch Cyclocross genannt, ist ein komischer Sport, der sich einst als Zeitvertreib für den Winter entwickelt hat und das halsbrecherische Tempo des Rennradsports mit den technischen Anforderungen des Mountainbiking verbindet – und das auf einem Terrain, das für reine Rennräder nicht unbedingt geeignet ist. Es erfordert also ein Rad, das zwar eng verwandt mit einer Straßenmaschine ist, hinsichtlich Rahmen und Ausrüstung aber bedeutende Unterschiede aufweist.

In den Anfangstagen des Cyclocross schusterte man sich einfach aus einem gebrauchten Rahmen und ein paar ausrangierten Teilen ein halbwegs passables Rad zusammen. Erst in den 1980er Jahren entwickelte sich ein spezialisierter Markt. Aluminium wurde zu einem begehrten Rahmenmaterial, da es um einiges leichter war als die gängigen Stahlkonstruktionen. Hersteller solcher leichten Rahmen waren der italienische Rahmenbauer Alan und der französische Hersteller Vitus.

In den letzten zehn Jahren ist Cyclocross zu einem wichtigen Segment in der Radindustrie geworden, und diverse technische Weiterentwicklungen haben dazu beigetragen, den Sport neu zu definieren. Auf bessere Rahmen folgten bessere Reifen, und inzwischen gibt es sogar Bremsen, die diese Bezeichnung fast verdienen.

Ultraleichtes Material und unverwüstliche Vollcarbonmaschinen bestimmen das Bild im Profizirkus, und die renommierten Hersteller achten darauf, wenigstens ein Einstiegsmodell für den Querfeldeinbereich im Sortiment zu haben.

Insbesondere amerikanische Unternehmen haben für zahlreiche wertvolle Impulse gesorgt und – ausgehend von den Erkenntnissen aus dem MTB-Sport – die neueste Technologie für den ältesten Offroad-Sport nutzbar gemacht. Zwar hat sich die UCI eingeschaltet und jedwede sinnvolle Neuerung (allen voran Scheibenbremsen) unterbunden, was für die Konstrukteure ziemlich frustrierend ist, immerhin aber sind damit gleiche Wettbewerbsbedingungen gegeben. Einige der für Mountainbikes entwickelten leichteren und stabileren Komponenten konnten sich auch im Rennradbereich durchsetzen. Dementsprechend sind Cyclocross-Räder heute wesentlich sicherer und den Anforderungen, die der Sport an das Material stellt, absolut gewachsen.

Querfeldeinräder haben normalerweise flachere Sitz- und Steuerwinkel, ein höher gelegtes Tretlager, eine größere Überstandshöhe und einen längeren Radstand. Ein kürzeres Oberrohr und ein höherer Lenker können zusätzlichen Komfort und Stabilität bringen. Der Rahmen ist im Allgemeinen etwas kleiner als bei einem Straßenrad, was die meisten Hersteller auch in ihren serienmäßigen Geometrien berücksichtigen. Nur ein individuell gefertigter Rahmen garantiert aber, dass alle Maße stimmen. Das höhere Tretlager sorgt für einen größeren Spielraum beim Überwinden von Hindernissen (sodass du über Stock und Stein brettern kannst, ohne die Kette zu verhunzen). Weiterhin muss größere Reifenfreiheit gegeben sein als bei einem normalen Straßenrahmen. Dadurch ergibt sich der längere Radstand, der sich zudem stabilisierend auf das Handling auswirkt.

Die Reifen, die meist breiter sind als beim herkömmlichen Rennrad, brauchen ausreichend Platz, um sich auch dann noch problemlos drehen zu können, wenn sie stark verschmutzt sind. Aus dem gleichen Grund werden vorzugsweise Cantilever-Bremsen verbaut. Abgesehen von den Reifen und der Rahmengeometrie ist das der größte Unterschied zwischen einem Querfeldeinrad und seinem Pendant für die Straße.

Feinere Unterschiede gibt es hinsichtlich des Getriebes und anderer Komponenten. Viele Fahrer wählen kleine Übersetzungen und kombinieren ein 46er- bzw. 48er- und ein 38er-Kettenblatt mit einer 12-26- oder 12-28-Kassette. Andere entscheiden sich für ein einzelnes Kettenblatt mit Kettenschutz, um ein Springen der Kette zu vermeiden. Letztlich hängt die Wahl vom technischen Anspruch der Strecke und der Fitness des Fahrers sowie seiner gewünschten Trittfrequenz ab. Bauteile wie Sattelstützen, Lenker, Pedale und Vorbau waren den Anforderungen des Querfeldeinsports bis vor kurzem einfach nicht gewachsen. Verbogene Stützen und sogar gebrochene Lenker waren an der Tagesordnung. Halte dich im Interesse der Sicherheit also an Komponenten, die robust, unkompliziert und wartungsarm sind.

Die Wahl der Laufräder richtet sich nach den Wettkampfgegebenheiten. Die meisten Fahrer entscheiden sich für leichte Straßenlaufräder, um bergauf nicht so viel Gewicht schleppen zu müssen. Normalerweise werden spezielle profilierte Querfeldein-Schlauchreifen aufgezogen. Zwar sind inzwischen auch brauchbare Drahtreifen erhältlich, bei wichtigen Rennen kommen aber noch immer vorwiegend Schlauchreifen zum Einsatz, die weniger anfällig für Defekte sind und mit geringerem Luftdruck gefahren werden können, was in unwegsamem Terrain komfortabler und schneller ist.

CROSS C 50

Ben Serotta

41 Geyser Road
Saratoga Springs
NY 12866
USA
www.serotta.com
+1 518 584 1221

Es entbehrt nicht einer gewissen Ironie, dass eine der Koryphäen unter den Rahmenbauern so ganz anders tickt als der Rest der Branche. Weil ihm jegliche Sentimentalität abgeht, lässt Ben Serotta nach eigener Aussage alles kalt, was irgendwie „Retro" erscheint. Das unterscheidet Serotta von einem Großteil seiner Kollegen und macht jedes seiner Räder zu etwas Besonderem. Zwar legt auch er allergrößten Wert auf solides Handwerk und einwandfreie Verarbeitung, doch damit allein gibt er sich niemals zufrieden.

Ben Serotta hat kein Interesse daran, jedes Jahr das Gleiche zu tun. Als Tüftler und Künstler zugleich wird er stets von dem Wunsch angetrieben, das Fahrraddesign voranzubringen und weiterzuentwickeln. So gesehen repräsentiert Serotta so etwas wie die Antithese zum Retro. Bens unermüdlichem Streben nach Fortschritt und Innovation ist es zu verdanken, dass Serotta Competition Cycles seit mittlerweile fast vier Jahrzehnten zu den Aushängeschildern der Branche zählt.

Serotta kontrolliert sämtliche Herstellungsprozesse vom Rohmaterial bis zum Endprodukt. Es ist erstaunlich, wie es einem so kleinen Unternehmen gelingt, aus rohem Titan und Carbon in Handarbeit so schöne Räder zu bauen. Selbst die komplizierten Ausfallenden und Kleinteile werden werksintern in Saratoga hergestellt.

Die Performance steht für Ben und seine Mitarbeiter bei allem, was sie tun, stets an erster Stelle. Das ist der Hauptantrieb für das gesamte Unternehmen. Darüber hinaus hat sich Serotta seit jeher mit der Biomechanik des Radfahrens beschäftigt und eigene Vermessungs- und Anpassungssysteme entwickelt. Mit seiner „Serotta School of Cycling Ergonomics" hat das Unternehmen viel dafür getan, das Bewusstsein für den Stellenwert einer optimalen Sitzposition und Radanpassung zu schärfen.

„Ich liebe unsere Stahlräder. Viele unserer Konstruktionsverfahren wurden zunächst mit Stahl entwickelt. Das ideale Material ist es sicher nicht, denn früher oder später wird es durch Korrosion beeinträchtigt."

USA
1972

Verwendete Materialien:
Carbon, Titan und Stahl, für einzelne Bauteile auch Aluminium.

Angestellte:
32

Preisspanne:
3.000 bis 10.000 US-$ für ein maßgefertigtes Rahmenset.

Wartezeit (im Schnitt):
6 bis 8 Wochen.

Gebaute Rahmen pro Jahr (im Schnitt):
2.500

Wer sind eure Kunden und wie würdest du sie „definieren"?
Menschen mit einer Leidenschaft für den Radsport.

Seit wann baust du Räder?
Seit 1972.

Wodurch wurde dein Interesse für den Fahrradbau geweckt?
Einen konkreten Anlass in dem Sinne gab es nicht. Als Kind fand ich es toll, Dinge auseinanderzubauen, herauszufinden, wie sie funktionieren, und mir auszumalen, wie man sie noch verbessern könnte - sie also funktioneller, ästhetisch ansprechender oder einfacher zu machen. Design liegt mir also sozusagen im Blut. 1974 fing ich damit an, mit Rohrdurchmessern zu experimentieren, um Seitensteifigkeit und Aerodynamik zu erhöhen. Ab 1985 konzentrierte ich meine Anstrengungen dann darauf, das Maximale aus dem Material herauszuholen, und entwickelte den Rohrsatz „Colorado Concept".

Ich denke, es gibt zwei Faktoren, die unser ständiges Streben nach Innovation motivieren: Zum einen liegt es mir wie gesagt einfach im Blut. Zum anderen basiert unsere Unternehmensphilosophie auf dem Prinzip, dass wir uns immer wieder aufs Neue beweisen müssen, um unsere Existenz zu rechtfertigen.
Es ist ja nicht so, als hätte die Welt nur auf uns gewartet. Es gibt zahlreiche Unternehmen in den USA, Großbritannien, Frankreich, Italien und Japan, die hervorragend gearbeitete Räder herstellen. Warum also sollte ich diese Liste noch verlängern? Im Herzen habe ich mir den Idealismus der 60er Jahre bewahrt. Mir ging es immer darum, etwas zu verändern, und da mir für eine akademische Laufbahn die Geduld fehlte (früher wollte ich Umweltbiologe werden), habe ich mein Unternehmen auf der Grundlage aufgebaut, sich stets um echte Innovationen zu bemühen und nicht nur irgendwelche Billiglösungen abzuliefern, sondern Konzepte, die den Radsport voranbringen.

Wer hat dir dein Handwerk beigebracht?
Obwohl sie selbst nie ein Rad gebaut hat, habe ich vieles meiner Mutter zu verdanken. Sie war in mancherlei Hinsicht mein Mentor, nicht unbedingt dadurch, dass sie mir etwas beibrachte, sondern indem sie mir als Vorbild diente und mich mit ihrer Herangehensweise an die Dinge geprägt hat. Ihre Mentalität war immer: Frage nicht, warum du etwas nicht schaffst. Frage stattdessen, wie du es schaffen kannst. Ansonsten hat sie mir gezeigt, wie man ihre Lötpistole bedient, und mich dann damit herumprobieren lassen. 1972 durfte ich - kurz vor Richard Sachs und Peter Weigle - ein paar Monate lang in England bei Witcomb

„Ich bin ein bescheidener Mensch, ehrlich. Würde ich aber nicht glauben, dass wir die besten Räder der Welt bauen, würde ich das Geschäft drangeben."

Legend
serotta

Lightweights in Deptford arbeiten, wo ich mehr beobachtet habe als gelernt. Es war alles ziemlich primitiv, sowohl was die etwas antiquierte Umgebung anging, als auch was die Werkzeuge und Techniken betraf. Für einen 18-Jährigen bekam das Ganze dadurch einen fast romantischen Anstrich. Ich habe dort eine Menge über die Beschaffenheit und Verarbeitung von Stahl gelernt. Kurz nach meiner Rückkehr in die Staaten besuchte ich Pepi Limongi, einen französischen Rahmenbauer, der in die USA gezogen war, und danach die beiden Cuevas, Vater und Sohn, in New York. Ich lernte drei völlig unterschiedliche Herangehensweisen kennen, die jede für sich großartig war. Die Erkenntnis, dass alle zur damaligen Zeit wichtigen Rahmenbauer zwar die gleichen Materialien verwendeten, dabei aber ihren jeweils individuellen Ansatz verfolgten, gab mir die Zuversicht, ebenfalls meine eigenen Methoden zu entwickeln.

Wer beeinflusst dich heute?
Alle und niemand.

Welches ist das beste Rahmenmaterial?
Kommt darauf an. Die Frage ist wirklich nicht leicht zu beantworten, denn jedes Material hat seine speziellen Eigenheiten und Vorzüge. Deswegen fällt es mir auch so schwer, unser Sortiment zu verkleinern. Ich mag alle Räder, die wir bauen. Mir ist wichtig, dass jedes Modell einen bestimmten Sinn und Zweck erfüllt und damit seine Daseinsberechtigung hat. Unsere Räder sind für das wahre Leben gebaut und dafür, viel gefahren und beansprucht zu werden. Dementsprechend achten wir sehr auf Sicherheit und Langlebigkeit. Wir verwenden kein Aluminium, welches das mit Abstand schlechteste Rahmenmaterial ist. Magnesium ist fast genauso schlecht. Für bestimmte Anwendungsbereiche sind das wunderbare Materialien, beide zeichnen sich aber nicht gerade durch Langlebigkeit aus. Stahl ist da schon besser. Ich liebe unsere Stahlräder. Viele unserer Konstruktionsverfahren wurden zunächst mit Stahl entwickelt. Das ideale Material ist es sicher nicht, denn früher oder später wird es durch Korrosion beeinträchtigt. Rostschutzmittel und Legieren können helfen, bieten aber auch keine absolute Sicherheit. Leider geht es vielen Herstellern heutzutage nur noch darum, immer leichtere Räder anzubieten. Deswegen bauen sie Rahmen aus derart dünnwandigen Materialien oder so harten Legierungen, dass die Langlebigkeit und letztlich auch die Qualität auf der Strecke bleiben. Solche Räder geben ganz hübsche Sammlerstücke ab, aber für den langfristigen Gebrauch auf der Straße taugen sie eher nicht. Warum wir also immer noch Stahl verwenden? Ganz einfach: Solange ein Radfahrer einsieht, dass der Lebensdauer Grenzen gesetzt sind, und wir es uns aus dem Kopf schlagen, Stahlräder zu konstruieren, die so leicht sind wie solche aus Titan oder Carbon, stellt Stahl eine relativ preisgünstige Möglichkeit dar, ein tolles Rad zu bauen.

Titan ist ein sehr vielseitiges und widerstandsfähiges Material und kann ähnlich wie Stahl verarbeitet und geformt werden. Außerdem ist es absolut korrosionsbeständig und langlebig.

Carbon bietet einem Designer schier unerschöpfliche Möglichkeiten. Ich versuche es mal so zu erklären: Denk' an Malkreide. Die gibt es in Packungen mit 10, 25, 50, 75 oder 150 Farben. Jedes Metall entspricht mit unterschiedlichen Legierungen und Durchmessern jeweils einer 10er-Schachtel, durch verschiedene Verarbeitungsverfahren kommt man auf 25 „Farben". Carbon aber ist so etwas wie die XXL-Packung. Letztendlich kommt es natürlich darauf an, was man daraus macht. Manche Hersteller verwenden nach wie vor nur drei „Farben“, wir hingegen versuchen, das gesamte Spektrum auszuschöpfen. Die Möglichkeiten sind einfach überwältigend.

Deswegen habe ich keine Lust, mich auf ein bestimmtes Material zu beschränken, zumal jedes seine Vor- und Nachteile besitzt. Jedes hat charakteristische Eigenschaften, wodurch sich auch, egal was wir tun, immer ein spezifisches Fahrgefühl ergibt. Diese Vielfalt möchte ich nicht missen.

Wie vermesst ihr eure Kunden?
1979 haben wir unser erstes stufenlos verstellbares Vermessungsrad, das „Serotta Size-Cycle“, gebaut, 1998 haben wir dann die erste „Fitting School“ gegründet. 2006 haben wir schließlich das SICI (Serotta International Cycling Institute) als Dachverband ins Leben gerufen, der sowohl die Aufgaben der Serotta School übernommen hat als auch das SICI Symposium organisiert, das sich als Bindeglied zwischen Wissenschaft und Radsport versteht. Die Serotta School und das SICI haben die Art und Weise, wie im Radsport über Anpassung und Biomechanik gedacht wird, nachhaltig verändert. Tausende Fahrer auf der ganzen Welt treten dank dieser Entwicklungen effizient und verletzungsfrei, egal ob sie ein Serotta-Rad fahren oder nicht.

Welches ist die spannendste neue Entwicklung hinsichtlich Rahmendesign oder Rohrtechnologie?
Es gibt noch viel unerschlossenes Potenzial. Die Materialtechnologie bereitet den Weg für innovatives Design.

Welches ist das wichtigste Element des Rahmens?
Der Fahrer. Entscheidend ist, dass das Rad perfekt auf den Fahrer abgestimmt ist.

Was möchtet ihr für eure Kunden erreichen?
Freude am Radfahren. Wenn das Rad sie zu einem besseren Fahrer macht oder einfach dazu beiträgt, dass sie mehr Lust aufs Radfahren bekommen, haben wir unseren Job erledigt.

Wer ist oder war der beste Rahmenbauer und warum?
Ich bin ein bescheidener Mensch, ehrlich. Würde ich aber nicht glauben, dass wir die besten Räder der Welt bauen, würde ich das Geschäft drangeben. Ich sage rundheraus und ohne falsche Scham oder Bescheidenheit, dass wir die Besten sind.

Aber welches ist das beste Rad der Welt? Es ist das Rad, das du immer fahren möchtest. Das Rad, das dich zu einem besseren Fahrer macht. Das Rad, das zu dir spricht, wenn du in einem albernen, überflüssigen Meeting sitzt, und das du auch in 10 oder 20 Jahren noch fahren wirst. Das Rad, mit dem du deine persönliche Bestleistung erreichen kannst und auf das du dich verlassen kannst. Das Rad, das versteht, nein: definiert, warum du fährst.

Natürlich gibt es viele aktuelle und frühere Hersteller, die ich aus verschiedenen Gründen respektiere und schätze. Ernesto Colnago beispielsweise hat Generationen von Fahrradbauern inspiriert und unzähligen aufstrebenden Rennfahrern mit seiner immensen Großzügigkeit geholfen. Darüber hinaus hat er zahlreiche Profiteams unterstützt und ist dabei immer seinen Prinzipien treu geblieben. Auch Hersteller wie Limongi, Cuevas, Confenti, Masi, Chris Chance und viele andere, die bestrebt waren, das Bestehende zu verbessern, und dafür Risiken in Kauf genommen haben. Hersteller, die Jahr für Jahr das gleiche schöne Rad bauen, lassen mich dagegen kalt. Es ist schön – na und?

Der Rahmen

Das Rahmendesign

„Wenn es richtig aussieht, ist es das meistens auch." – Anonym

Wenn es um das richtige Rahmendesign geht, hauen dir viele Hersteller ihr Fachchinesisch und eine Menge Marketing-Worthülsen um die Ohren. Manches davon ergibt sogar einen Sinn, aber führe dir mal Folgendes vor Augen: Mein erstes maßgefertigtes Rennrad war perfekt auf mich zugeschnitten, und es zu fahren, war die reine Freude, denn jede Pedalumdrehung war exakt auf meine Physiologie abgestimmt. Es war in Stoke-on-Trent von Brian Rourke ausgemessen worden, einem ehemaligen Profi, der ein gutes Auge für die richtigen Maße hatte. Ich notierte mir die von ihm empfohlenen Werte, Sattelhöhe, Oberrohrlänge, Vorbaulänge sowie Höhe und Breite des Lenkers. Ich bin seitdem noch mehrmals vermessen worden, von angesehenen Radsportgelehrten, Wissenschaftlern und ein Mal sogar von einem Computer, und sie alle (bis auf den Computer, der meilenweit daneben lag) kamen bis auf minimale Abweichungen auf Brians ursprünglich ermittelte Maße. In den paar Stunden, die er brauchte, um die individuellen Anpassungen für mich vorzunehmen, habe ich mehr gelernt als durch Bücher und Magazine oder all die Jahre, die ich in Radläden verbracht habe. Erfahrung ist das Wichtigste, wenn es um die richtige Anpassung geht.

Dieses Kapitel soll als Einführung dienen und dir die grundlegenden Informationen an die Hand geben, um den passenden Rahmen zu finden. Ich habe viele der hier behandelten Fragen mit zahlreichen Rahmenbauern erörtert und versucht, die gewonnenen Erkenntnisse gebündelt darzustellen. Allerdings ist das Thema sehr komplex, und es sind ein Haufen dicker Bücher darüber geschrieben worden. Hier soll es wirklich nur um die Grundlagen des Rahmendesigns gehen. Jeder Mensch ist anders, und auf dem Weg zum perfekten Rad gibt es keine Abkürzungen. So wie du quasi der Motor des Fahrrads bist, entspricht der Rahmen dem Chassis beim Auto.

Ich kann nicht oft genug betonen, wie wichtig die richtige Bestimmung der Maße ist. Viele Fahrer machen den Fehler, einen Händler aufzusuchen und sich dann einfach für eines der Angebote auf Lager zu entscheiden, weil es günstig ist oder ihnen die Farbe gefällt. Das ist falsch verstandene Ökonomie. Wenn die Abstimmung nicht passt, wirst du niemals in der Lage sein, deine volle Leistungsfähigkeit abzurufen. Alles muss stimmen, sei es die Sattelhöhe, die Sitzposition (in Relation zum Tretlager) oder die Lenkerform (in Bezug auf den Abstand von der kürzesten zur weitesten Griffposition sowie von Oberlenker und Unterlenker). Es reicht nicht aus, sich mit Näherungswerten zufriedenzugeben. Fachbücher und Zeichenbrett sind hilfreich, aber Erfahrung ist durch nichts zu ersetzen. Das bestätigt auch der italienische Rahmenbauer Dario Pegoretti:

„Jeder will ein Diagramm meiner Geometrie haben, das liefe aber nur darauf hinaus, irgendwelche beliebigen Zahlen aufzuschreiben, die letztlich keinen Sinn ergeben. Ich hatte das Glück, bereits in jungen Jahren viele wertvolle Erfahrungen sammeln zu dürfen. Ich habe z.B. eng mit der Mannschaft Riboli aus Ilasi zusammengearbeitet, die

Anfang der 1980er Jahre eines der wichtigsten Nachwuchsteams in Italien war. Das war eine gute Erfahrung, denn ich hatte alle Freiheiten. Es war anders als bei einem Profiteam, wo dir eine Liste mit den Maßen in die Hand gedrückt wird und du dann eben die Rahmen entsprechend zu bauen hast. Manchmal kommt einer der Profis und bittet dich um Rat, das kommt aber selten vor. Kein schlechter Job, aber auch nicht besonders aufregend. Damals aber hatte ich es ständig mit neuen Fahrern zu tun, und jedes Jahr im Januar ging meine Arbeit praktisch von vorne los. Ich erinnere mich, einmal in zwei Monaten 20 Rahmen gebaut zu haben. Das war eine spannende Zeit. Häufig fuhr ich mit dem Roller neben den Fahrern her, um mir ein Bild davon zu machen, wie gut das Rad auf sie abgestimmt war. Dadurch habe ich damals viel gelernt, das war eine tolle Erfahrung."

Wende dich zur Bestimmung der Rahmenmaße an einen Spezialisten, dem du vertraust. Ein guter Fitting-Techniker nimmt sich mehrere Stunden Zeit dafür. Manche fahren so wie Dario Pegoretti auf ihrem Roller neben dir her und schauen, ob du auf dem Rahmen, den sie für dich gebaut haben, effizient trittst. Die meisten Hersteller machen sich heutzutage leider nicht mehr diese Mühe. In jedem Fall aber solltest du den Rat des zurate gezogenen Experten beherzigen. Er weiß, was innerhalb gewisser Parameter funktioniert und welche Veränderungen er vornehmen kann, ohne dass das Handling und der Komfort darunter leiden. Bevor du etwas kaufst, solltest du dir gut überlegen, was genau du mit dem Rad vorhast. Achte darauf, dass es perfekt zu dir passt, und versuche nicht, irgendwelche Dinge damit anzustellen, für die es nicht vorgesehen ist. Die meisten Leute lassen sich von modischen Erwägungen leiten und kaufen sich Räder, wie sie die Profis verwenden. Berufsfahrer stellen aber ganz andere Anforderungen an ihr Arbeitsgerät, als du es tust. Würdest du dein Geld mit Radfahren verdienen, wärst du nicht nur austrainierter, sondern auch in der Lage, mit einer wesentlich rennspezifischeren Position zurechtzukommen, die für Anfänger absolut ungeeignet ist.

Wenn es um die Sattelhöhe ging, war Eddy Merckx ein schrecklicher Pedant. War er nicht zufrieden, korrigierte er sie notfalls auch mitten im Rennen. Was die meisten Profis gemeinsam haben, ist eine fast pathologische Besessenheit in puncto Sitzposition. Wenn sie unterwegs sind, haben sie immer ein Maßband und ein Notizbuch mit ihren Maßen und Spezifikationen dabei. Auch ihre Mechaniker sind mit diesen Einzelheiten vertraut. Du solltest ebenso sorgfältig vorgehen wie sie. Die besten Komponenten sind wertlos, wenn sie falsch montiert werden. Sobald du die richtigen Maße ermittelt hast, solltest du sie auf alle deine Räder übertragen. Verwende wenn möglich stets die gleichen Sättel, Pedale, Lenker und Schalthebel. Es macht keinen Sinn, den ganzen Winter über mit einer bestimmten Sitzposition zu fahren, nur um sie dann komplett über den Haufen zu werfen, sobald du im Frühling dein Rad aus dem Schuppen holst.

VERLETZUNGSPROBLEME

Wenn du bereits mit Verletzungen zu kämpfen hattest, wirkt sich das auf deine Position auf dem Rad und deinen Tritt aus. Verletzungsprobleme können mit einem maßgefertigten Rad zwar nicht gelöst, wohl aber während des Anpassungsprozesses berücksichtigt werden. Rückenprobleme, ein steifer Nacken, schmerzende Schultern oder anfällige Knie können durchaus Symptome einer mangelhaften Abstimmung sein. Wahrscheinlicher ist aber, dass sie mit einer Schwäche oder früheren Verletzung zusammenhängen, die einer Behandlung bedürfen. Entsprechende Fachleute können dich beraten und dir dabei helfen, das Problem in den Griff zu bekommen, sodass du in Zukunft mehr Freude am Radfahren hast. Ein richtig angepasstes und sorgfältig gearbeitetes Rad leistet dir über viele Jahre gute Dienste. Unter Umständen kann das bedeuten, dass die Abstimmung überprüft werden muss, wenn du mit der Zeit stärker wirst und dein Fahrstil sich ändert. Es lohnt sich also, engen Kontakt mit Herstellern und Technikern zu wahren, um so stets sachgemäße und präzise Änderungen am Setup vornehmen zu können.

XS

Die Rahmengeometrie

Rahmenwinkel variieren von Rad zu Rad, und die Hersteller haben vollkommen unterschiedliche Vorstellungen davon, was am besten funktioniert. Die Diamantform hat sich seit mehr als einem Jahrhundert nicht verändert, und die Rahmenbauer haben im Laufe der Zeit gelernt, dass schon kleinste Änderungen der Winkel einen gewaltigen Unterschied machen können. Flachere Sitz- und Steuerwinkel wurden ursprünglich verwendet, um auf schlechte Streckenverhältnisse besser eingestellt zu sein. Bei Touren- und Querfeldeinrädern, die etwas mehr Komfort bieten müssen, werden diese Maße noch heute verwendet. So wie sich die Straßen verbessert haben, wurde auch die Geometrie des Straßenrads weiterentwickelt, um die beste Mischung aus präzisem Handling und hohem Fahrkomfort zu gewährleisten.

Sitzrohrlänge

Die Länge des Sitzrohrs bestimmt die Gesamtgröße des Rads. Es gibt verschiedene Möglichkeiten, einen Rahmen zu vermessen, und jeder Hersteller hat seine eigene Methode. Rahmen von der Stange weisen nie die gleichen Standardmaße auf. Für einen guten Fitting-Spezialisten ist das kein großes Problem, denn das Sitzrohr bietet den Vorteil einer verstellbaren Sattelstütze, die an die jeweilige Beinlänge angepasst werden kann (siehe „Sitzrohrwinkel", rechte Seite). Es kann allerdings sein, dass du eine Zwischengröße aufweist und ein Rad von der Stange einfach nicht passt. Denkbar ist beispielsweise, dass du ein 55cm-Sitzrohr mit einem 56cm-Oberrohr möchtest, der Monocoque-Rahmen „vom Fließband" aber ein 53cm-Sitzrohr mit einem 55cm-Oberrohr aufweist. Die nächste Größe wäre ein 56cm-Sitzrohr mit einem 57cm-Oberrohr. Um die richtige Länge zu erhalten, müsstest du bei der Sitzrohrlänge, die auch die Höhe des Steuerrohrs bestimmt, Abstriche machen. Das Ergebnis wäre also ein Kompromiss. Und Kompromisse solltest du vermeiden.

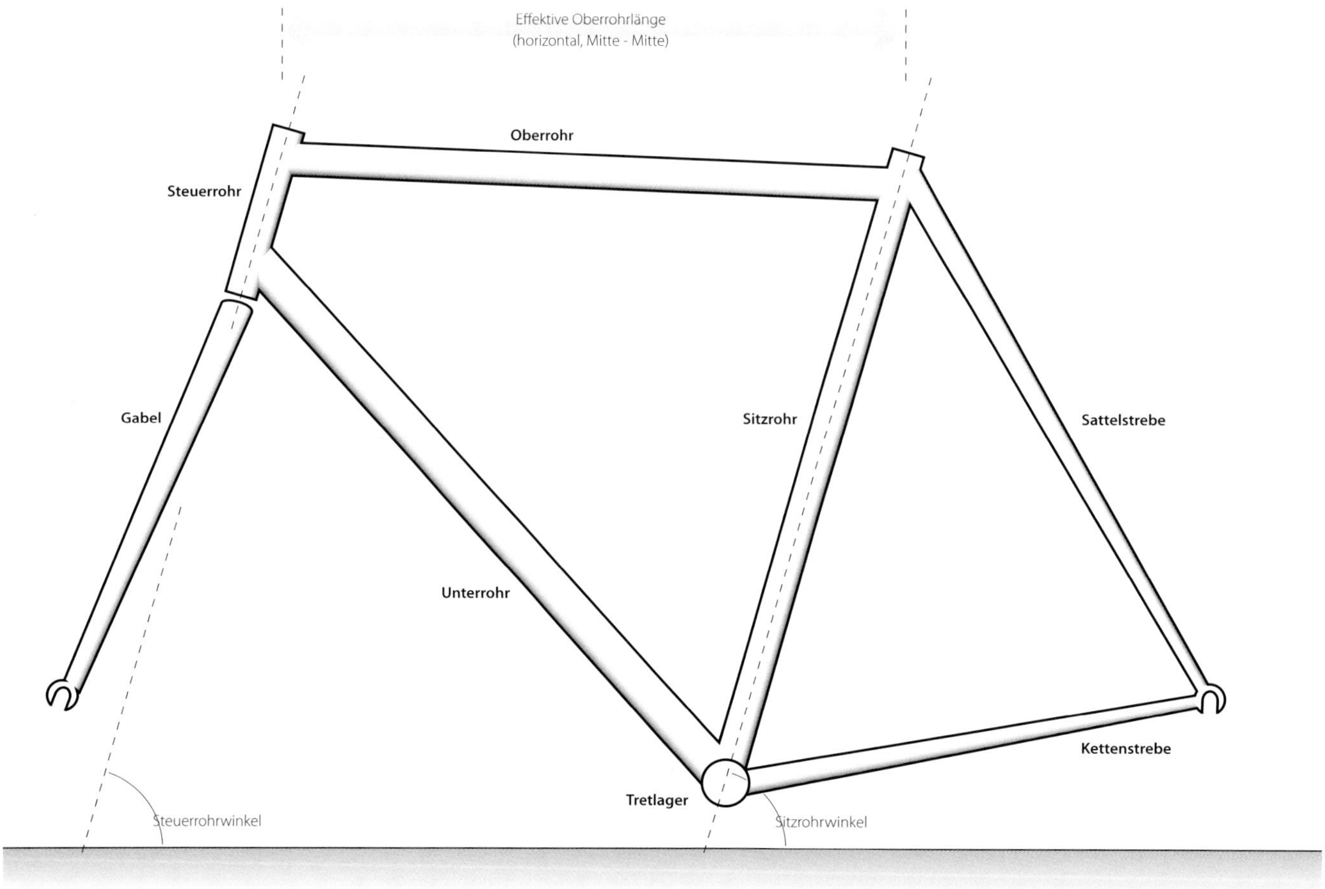

Oberrohrlänge

Die Oberrohrlänge ist das meiner Meinung nach wichtigste Maß am Rennrad. Ist der Rahmen erst einmal gebaut, lässt sie sich kaum noch anpassen oder verändern. Einen guten Ansatzpunkt bildet ein Rahmen, bei dem die Länge von Sitzrohr und Oberrohr identisch ist. Letztere richtet sich aber nach der Armlänge, Rumpflänge und sogar Beinlänge des Fahrers. So kann beispielsweise ein Rad mit 54cm-Sitzrohr ein Oberrohr zwischen 53 und 58 cm haben, was eine ziemlich große Spanne ist. Auch die Vorbaulänge spielt eine Rolle. Durch einen besonders langen Rahmen ergibt sich ein etwas schwerfälliges Handling, während die Steuerung bei einem sehr kurzen Oberrohr wiederum eher nervös reagiert und es außerdem zu Problemen mit einem „Pedal Overlap" kommen kann, einem möglichen Touchieren des Vorderreifens durch die Füße beim scharfen Einlenken. Als wäre das alles nicht schon kompliziert genug, hat auch noch jeder Rahmenbauer seine eigene Auffassung davon, wie die Oberrohrlänge zu bestimmen ist, was bei Compact-Rahmen und solchen mit ausgefallenen Oberrohrformen noch schwieriger ist.

Steuerrohrwinkel

Der Lenkwinkel hat unmittelbaren Einfluss auf Lenkverhalten und Wendigkeit des Rads und wird maßgeblich von Größe und Vorlauf der Gabel sowie der Vorbaulänge bestimmt. Ein herkömmliches modernes Rennrad weist normalerweise einen Lenkwinkel von 73° auf. Flachere Winkel werden für Tourenräder verwendet oder auch bei Cyclocross-Rädern, um durch eine trägere Steuerung etwas mehr Komfort in unwegsamem Terrain zu erreichen.

Sitzrohrwinkel

Um den Sitzwinkel genau auf den Fahrer abzustimmen, muss ein Rahmenbauer viele Gesichtspunkte bedenken. U.a. wirken sich die Fußposition auf den Pedalen und deine Beinlänge auf den Winkel aus, aber mit der Sattelstütze lässt sich nicht nur die Höhe anpassen, mit ihr können auch verschiedene Sattelpositionen in Relation zum Tretlager berücksichtigt werden. Für eine normale Rennposition wird meistens ein Sitzwinkel von 73° gewählt, gleichwohl kann ein flacherer Winkel eingestellt werden, um eine gestrecktere Position zu ermöglichen.

JENSEITS DER REINEN GEOMETRIE

Welche Lenk- und Sitzwinkel ein Hersteller beim Bau eines Rahmens verwendet hat, ist normalerweise nicht auf den ersten Blick ersichtlich. Meistens wirst du nachfragen müssen und unter Umständen auch dann keine präzise Antwort erhalten. Die Winkel hängen außerdem von den Materialien ab, wie wiederum Dario Pegoretti erläutert:

„Viele Leute glauben, es gäbe so etwas wie die absolute Geometrie. Ein Irrglauben, denn sonst würden ja alle den gleichen Rahmen benutzen. Das ist aber nicht möglich.

Wenn du einen Rahmen baust, musst du Geometrie, Material, Rohrdurchmesser und Verwendungszweck berücksichtigen. Die Geometrie ist nur ein Teil des Rahmens.

Wenn du zwei gleiche Rohrsätze nimmst, die Rohre zuschneidest und in die gleiche Vorrichtung spannst, erhältst du vermutlich zwei vollkommen identische Rahmen.

Wählst du aber für das eine Rad einen anderen Rohrdurchmesser, bekommst du zwei ganz unterschiedliche Rahmen. Es ist also nicht nur eine Frage der Geometrie. Es genügt schon, ein einziges wichtiges Rohr, etwa das Unterrohr, auszutauschen, und du erhältst mit der gleichen Geometrie ein ganz anderes Rad. Dünnere Rohre sind außerdem biegsamer, sodass sich die ganze Konstruktion während der Fahrt verändert. Wenn du z.B. über eine Bodenwelle fährst, ändert sich der Winkel zwischen Steuer- und Unterrohr.

Es hängt demnach vom Durchmesser und dem Material der Rohre ab, inwieweit sich der Rahmen bewegt… Mit einem steiferen Material und einem flacheren Winkel kannst eventuell den gleichen Komfort erreichen."

Compact-Rahmen

Die Compact- bzw. Sloping-Geometrie basiert auf dem Rahmendesign der Mountainbikes. Bekannt gemacht wurde der Compact-Rahmen von Mike Burrows, der in den frühen 1990ern für Giant gearbeitet hat und einen Großteil der Technologie entwickelte, die hinter dem Lotus-Rad stand, das Chris Boardman in der Verfolgung benutzte. An der Idee für einen solchen Rahmen hatten aber schon vorher mehrere unabhängige Rahmenbauer getüftelt. Mountainbikes brauchen einen höheren Vorderbau, um eine aufrechtere Position für die Bewältigung von schwierigem Gelände zu ermöglichen. Zudem muss mehr Schrittfreiheit gegeben sein, sodass das Oberrohr vom Steuerrohr zum Sitzrohr hin abfällt. Der Gedanke, der hinter der Compact-Geometrie steckt, besteht darin, mit weniger Rahmengrößen auszukommen und für die individuelle Anpassung stattdessen mit längeren Sattelstützen und verstellbaren Vorbauten zu arbeiten. Für einen Fahrer normaler Statur ist das in Ordnung, wer aber besonders groß oder klein ist, muss sich mit Notlösungen zufriedengeben. Grundsätzlich sind große Rahmen flexibler als kleine, viele große Fahrer benutzen daher gerne einen Compact-Rahmen, um die Steifigkeit zu erhöhen. Dies lässt sich auch durch einen höheren Vorderbau in Verbindung mit einem längeren Steuerrohr erreichen.

Standardrahmen

Die Sloping-Geometrie ist zwar gerade schwer angesagt, aber bei Rennrädern erlebt die traditionelle Bauweise mit waagerechtem Oberrohr in letzter Zeit eine Art Comeback. Viele Fahrer empfinden sie als stabiler, komfortabler und leichter zu handhaben als Compact-Rahmen. Ich verwende beide Geometrien und bevorzuge für lange Fahrten die Standardvariante.

STEIFIGKEIT

Steifigkeit ist ein oft unterschätztes Kriterium, wenn es darum geht, die Beschaffenheit eines Rads zu bestimmen. Bei der Fertigung von Hochleistungsrädern werden viele verschiedene Arten von Rohren und Geometrien verwendet, die so abgestimmt werden können, dass sie dem Fahrer das gewünschte Level an Kraftübertragung und Komfort bieten. Diese beiden Aspekte in Einklang zu bringen, stellte die Konstrukteure schon immer vor große Herausforderungen, denn wird eines der beiden Kriterien in besonderem Maße berücksichtigt, geht dies unweigerlich zulasten des anderen. Ein guter Rahmenbauer weiß, welche Techniken und Materialien er verwenden muss, um ein auf deine Bedürfnisse zugeschnittenes Rad zu bauen.

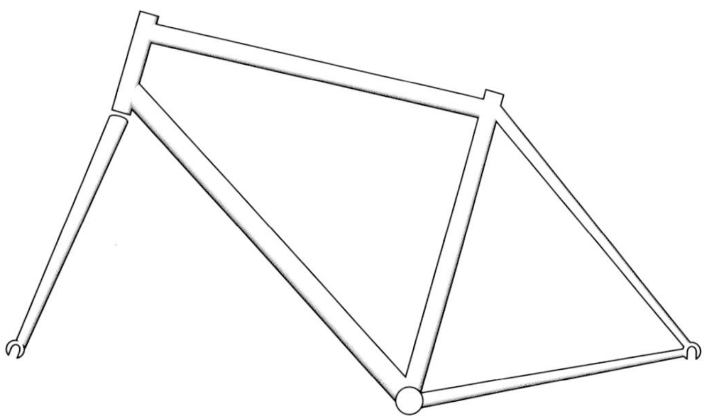

Compact-Geometrie

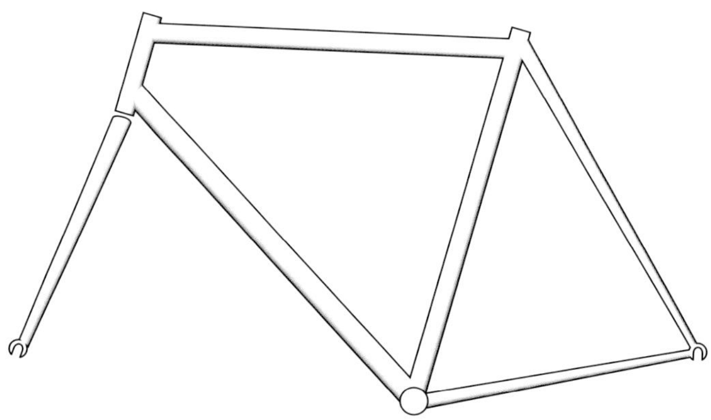

Standard-Geometrie

Abweichende Geometrien

Weil sie mit einer Reihe unterschiedlicher rennspezifischer Anforderungen und Situationen fertig werden müssen, wird für Straßenräder meist eine neutrale Geometrie gewählt. Die Rahmen für Bahn-, Zeitfahr- und Querfeldeinräder weisen davon abweichende Merkmale auf, um den charakteristischen Eigenheiten der jeweiligen Disziplin gerecht zu werden.

ZEITFAHREN

Zeitfahrspezialisten benutzen heutzutage einen speziellen Lenkeraufsatz, der es ihnen ermöglicht, eine aerodynamische Position einzunehmen, die sich erheblich von der Fahrposition bei Straßenrennen unterscheidet. Dementsprechend ist auch eine ganz andere Rahmengeometrie gefragt. Straßenräder können zu Zeitfahrmaschinen umgebaut werden (wobei manchmal kleinere Compact-Rahmen statt der Standardvariante verwendet werden), was aber oft nur eine Notlösung darstellt, da die erforderliche tiefere Lenkerposition auf einem Standardrahmen schwer zu realisieren ist. Maßgefertigte Zeitfahrrahmen weisen normalerweise einen steileren Sitzwinkel auf, der den Fahrer weit vorn auf dem Rad platziert, um die Leistung zu maximieren (siehe auch Seite 16).

BAHN

Weil Bahnwettbewerbe in der Regel kürzer sind als Straßenrennen, gilt das Hauptaugenmerk der Bahnspezialisten in erster Linie der Kraftübertragung und Aerodynamik. Manche Bahnfahrer sind aber ebenso auf der Straße zu Hause und übernehmen einfach ihre gewohnte Fahrposition. Die Kontrolle über das Rad ist ebenfalls wichtig, lasse dich also nicht dazu verleiten, einfach den Lenker mit dem extremsten Drop zu montieren, nur weil das die Profi-Sprinter auch tun. Versuche also zunächst, eine ausgewogene Position zu ermitteln, bevor du dir über Aerodynamik Gedanken machst. Da meistens in Unterlenkerposition gefahren wird, ist eine tiefere, kraftvolle Sattelposition verbreitet. Die Rahmengeometrie ist aggressiver als bei einem Straßenrad: Sitz- und Lenkwinkel sind steiler, die Kettenstreben kürzer und die Gabel weist eine geringere Vorbiegung auf, was eine viel kompaktere, sehr agile, direkte Maschine ergibt (siehe auch Seite 20).

CYCLOCROSS

Der offensichtlichste Unterschied zur herkömmlichen Rennradgeometrie ist der insgesamt höhere Rahmen. Mit längerem Radstand, kürzerem Oberrohr und höher gelegtem Tretlager weisen Querfeldeinräder im Allgemeinen eine etwas offenere Geometrie auf als Straßenräder (siehe auch Seite 24).

Materialien

Das Material hat großen Einfluss darauf, wie ein Rahmen gebaut ist. Maßgefertigte Rahmen werden meistens aus Materialien gebaut, die leicht zu bearbeiten sind. Jeder Rahmenbauer hat, je nach seiner Erfahrung und seinen Fähigkeiten, ein Material, mit dem er besonders gerne arbeitet. Auch die Materialkosten spielen eine Rolle. Ein wirklich guter, maßgefertigter Stahlrahmen kann ohne weiteres genauso viel kosten wie ein schlecht gearbeiteter Carbonrahmen von der Stange. Letztlich hängt die Qualität eines Rads viel mehr von der Verarbeitung ab als vom verwendeten Material. Jeder Rahmen weist charakteristische Merkmale auf, die dem Material geschuldet sind, aus dem er gebaut ist.

Rechts: Titan-Kettenstreben von Lynskey.

Stahl

Stahl ist das traditionelle Material für den Rahmenbau. Leider sind nur wenige Einsteigermodelle erhältlich. Kaufe dir dennoch wenn möglich als Erstes einen Stahlrahmen. Er wird dir viele Jahre gute Dienste leisten, und falls du dir irgendwann mal ein kostspieligeres zweites Rad zulegen solltest, kannst du deinen Stahlrenner immer noch für das Wintertraining benutzen. Die meisten Rahmenbauer verwenden Stahl für maßgefertigte Rahmen, weil es das wohl anpassungsfähigste Material ist. Reynolds, Dedacciai, Columbus und True Temper fertigen hervorragende Stahlrohrsätze, und die Dedacciai Zero Uno sind genauso leicht wie vergleichbare Aluminiumrohre. Bei der Konstruktion von Stahlrahmen werden zumeist konifizierte Rohre verwendet, die an den Enden verstärkt sind, um mehr Festigkeit zu erreichen. Diese werden mittels Muffen gefügt und verlötet; einige Hersteller verwenden für manche Applikationen Silberlot. Im WIG-Verfahren geschweißte Stahlrahmen werden zumeist aus leichten, doppelt konifizierten Rohren gefertigt. Heutzutage ist es möglich, Stahlräder zu bauen, die kaum mehr als 8 kg wiegen. Auch Edelstahl ist inzwischen einfacher zu bekommen, und mit den 953-Rohren von Reynolds können Stahlrahmen konstruiert werden, die ebenso robust wie Titan und ähnlich korrosionsbeständig und langlebig sind.

Gut:

Stahl eignet sich gut für Maßanfertigungen, und Rohre sind leicht zu reparieren.

Schlecht:

Stahl ist anfällig für Korrosion und das schwerste Material für den Rahmenbau.

Aluminium

Aluminium ist das günstigste Material für den Fahrradbau, weswegen der Markt mit Hunderten von verschiedenen Typen und Modellen geradezu überschwemmt wird. Der Vorteil ist, dass man daher für wenig Geld relativ viel bekommen kann. Der Nachteil ist, dass Aluminium-Rahmen oft unangenehm „steif" sind und von den gängigen Anbietern zumeist nur in den Größen S, M und L angeboten werden. Schaue dir die Geometrie also ganz genau an, bevor du etwas kaufst, denn manche Rahmen haben ziemlich merkwürdige Maße. Die Zahlenfolge in der Materialbeschreibung (z.B. 7075 T6) bezeichnet die Legierung, wobei sich das „T" auf die Art der Wärmebehandlung bezieht. Ebenso wie Stahl ist auch Aluminium leichter und stabiler, wenn es endverstärkt wird. Qualitätsrahmen werden nach dem Schweißen wärmebehandelt, um die maximale Festigkeit zu erhalten. Bei vielen billigen Aluminiumrahmen ist dies nicht der Fall. Informiere dich vorab, wie ein Rohr hergestellt wurde, bevor du es kaufst. Die besten Aluminiumrohre gibt es von Dedacciai, Easton und Columbus.

Gut:
Aluminium ist günstig, leicht und robust.

Schlecht:
Der Fahrkomfort lässt bisweilen zu wünschen übrig, und auch die Langlebigkeit kann zum Problem werden (wobei dies bei hochwertigen Rohren in der Regel nicht der Fall ist). Leichtere Rohre sind schnell beschädigt, die Reparatur ist kompliziert und meist teuer.

Titan

Das Wundermaterial für den Rahmenbau – sollte man jedenfalls meinen – ist leicht wie Aluminium, hart wie Stahl und ebenso komfortabel. Titan ist indes ein ziemlich kniffliges Material, und man muss schon ein verdammt guter Rahmenbauer sein, um ein anständiges Titanrad zu fertigen. Hüte dich vor auffällig günstigen Titanrahmen, denn billiges Titan ist nicht so toll, wie du vielleicht meinst, und in der Vergangenheit sind damit schon einige ziemlich fragwürdige Räder gebaut worden. Titan ist ein hochwertiges, ungemein korrosionsbeständiges Material. Für ein eher günstiges Rad sollte es nicht in Frage kommen, weil du ansonsten bei den Komponenten zu viele Abstriche machen müsstest. Als Rohrmaterial gibt es Titan in zwei Hauptvarianten: 3AL-2.5V und 6AL-4V. 3AL-2.5V ist eine Legierung, die aus 3% Aluminium, 2,5% Vanadium und 94,5% reinem Titan besteht und auch als „Grade 9" bezeichnet wird. Diese Legierung ist leicht formbar und weist eine hervorragende Korrosionsresistenz und Ermüdungsbeständigkeit auf. Daher ist 3AL-2.5V die für den Rahmenbau meistverwendete Legierung. 6AL-4V ist noch hochwertiger, aber schwieriger zu verarbeiten.

Gut:
Titan ist sehr leicht und fest und – besonders wichtig – extrem langlebig.

Schlecht:
Es ist teuer und schwer zu reparieren.

Carbon

Carbonrahmen werden entweder als Monocoque in einem Stück gefertigt oder aus Rohren, die mit Muffen und Klebstoff gefügt werden. Carbon ist das einzige Material, für das es keine verbindlichen Standards gibt, gleichwohl bieten einige Rohrhersteller mittlerweile fertige Bausätze an, die von den Rahmenbauern nur noch zusammengesetzt werden müssen. Carbon erweist sich in Konstruktionsprozessen als weniger flexibel als Metall, und es ist spezielles Gerät erforderlich, um aufwendige Designs zu ermöglichen. Hüte dich vor billigen Carbonrahmen. Meistens wird dafür minderwertiges Material verwendet, das mehr Kunstharz als Carbon enthält.

Gut:
Carbonrahmen sind sehr leicht, sehr direkt und komfortabel.

Schlecht:
Carbon ist teuer, schwer zu reparieren und kann nicht recycelt werden.

Rechts: Carbon kann in jede denkbare Form gebracht werden.

Ausfallenden, Rahmenkomponenten und Muffen

Die Diamantform gilt als das perfekte Rahmendesign für Fahrräder und wird von Fahrern und Funktionären gleichermaßen als anerkannte Bauweise befürwortet. Unabhängig davon, welches Material du also verwendest, sind die Elemente, die den Rahmen bilden, stets die gleichen. Sie werden vielleicht auf unterschiedliche Weise gefügt, generell aber werden für handgefertigte Rahmen Rohre verwendet, die zunächst auf das richtige Maß gebracht und dann entweder mit Muffen gefügt oder an den Nahtstellen genau zugeschnitten und verschweißt werden.

AUSFALLENDEN

Die beiden gängigsten Bauformen für Ausfallenden unterscheiden sich deutlich voneinander. Traditionelle Rahmen weisen für die Aufnahme der Achse gewöhnlich horizontale Ausfallenden mit langen Schlitzen auf, die eine korrekte Ausrichtung der Laufräder und die Verwendung breiterer Reifen ermöglichen. Inzwischen werden bei Rennrädern immer häufiger vertikale Ausfallenden verwendet. Diese erlauben einen unkomplizierten Laufradeinbau und verhindern ein Verrutschen oder Schrägstellen des Rades bei kraftvollen Antritten. Bei Bahnrädern kommen in der Regel nach hinten offene 120mm-Ausfallenden zum Einsatz, die Korrekturen der Kettenspannung und den Ausbau des Laufrads erleichtern. Von den gängigen Ausfallenden an Rennrädern unterscheiden sie sich dadurch, dass sie längere Schlitze aufweisen, um verschiedene Übersetzungen aufnehmen zu können. Sie verlaufen genau parallel zum Boden, sodass die Gesamtgeometrie gleich bleibt, wenn das Rad in den Ausfallenden vor- oder zurückbewegt wird.

SATTELMUFFEN

Die Sattelmuffe ist eine wichtige Verbindungsstelle am Rahmen, die durchaus heikel sein kann. Sitzstreben aus Aluminium und Titan werden zumeist ganz ohne Muffe befestigt, und die Sattelstütze wird dann mit einer separaten Sattelklemme fixiert. Auch bei manchen Stahlrahmen wird diese Technik verwendet, mit der ein wenig Gewicht gespart wird, die aber nicht so sauber ist wie eine integrierte Sattelmuffe.

Rechte Seite (von oben nach unten und links nach rechts): Gabelkopf, Steuerrohrmuffe, Touring-Ausfallende von Campagnolo, Tretlagergehäuse, Gabelausfallende von Campagnolo, kurzes Ausfallende von Campagnolo.

STEUERKOPFMUFFE

Der Punkt, an dem die Rahmenrohre auf das Steuerohr treffen, ist das vielleicht wichtigste Verbindungsstück am ganzen Rad. Steuerkopfmuffen werden zumeist aus Press- oder Gussstahl gefertigt, und ihre Form bestimmt auch den jeweiligen Steuerrohrwinkel. Weit verbreitet sind inzwischen Feingussmuffen, vor allem von Henry James. Wer's mag, kann auch handgefertigte Muffen und andere ausgefallene Varianten bekommen.

TRETLAGERGEHÄUSE

Dies ist sozusagen der Maschinenraum des Rads. Die bestehenden Normen sind bereits seit Jahrzehnten gültig. Das Gewinde hängt von der Herkunft des Gehäuses ab. Am weitesten verbreitet sind die italienische und die britische bzw. BSA-Variante, die sich in der Gewindesteigung unterscheiden: Während italienische Tretlager zwei Rechtsgewinde haben, weisen BSA-Gehäuse auf der Antriebsseite meist ein Linksgewinde auf. Meiner Erfahrung nach ist keines besser als das andere, allerdings können sich italienische Lager beim Treten lösen, wenn das Gewinde mangelhaft gearbeitet ist oder das Lager zu fest im Rahmen sitzt. Schaue dir immer zuerst die Größe der Gewinde an, bevor du versuchst, sie auszubauen, und dich auf ein neues Gehäuse festlegst. Für Stahlräder gibt es eine Vielzahl verschiedener Tretlagergehäuse. Besonders schöne Stücke gibt es von Cinelli und Everest.

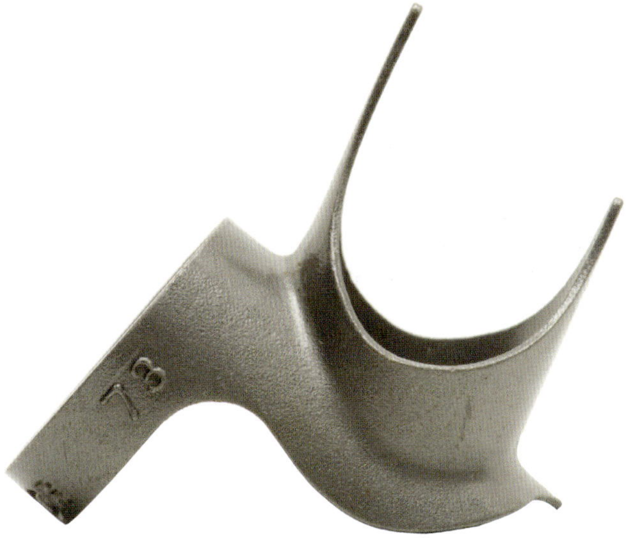
73

BREV° CAMPAGNOLO

BREV° CAMPAGNOLO

BREV° CAMPAGNOLO

Steuerrohr
Das Steuerrohr verbindet Ober- und Unterrohr und dient außerdem dazu, Gabel und Steuersatz zu fixieren. Die Höhe des Steuerrohrs variiert von Rahmen zu Rahmen, was bei der Anpassung berücksichtigt werden muss. Um den Einsatz unzähliger Aheadset-Spacer zu vermeiden, kann ein längeres Steuerrohr verwendet werden, was die Funktion und Langlebigkeit des Steuersatzes verbessert.

Unterrohr
Das Unterrohr verbindet das Steuerrohr mit dem Tretlager. Rohre mit größerem Durchmesser sind verbreitet, weil das Tretlager dadurch wesentlich mehr Stabilität erhält. Manche Hersteller verwenden Rohre, die an beiden Enden abgeflacht sind, um zusätzliche Steifigkeit zu erreichen und außerdem das Anschweißen an Steuerrohr und Tretlager zu erleichtern.

Sattelstreben
Die Sattelstreben verbinden die hinteren Ausfallenden mit dem oberen Ende des Sitzrohrs. An der Frage, wie man sie am sinnvollsten am Sitzrohr anbringt, scheiden sich die Geister. In der klassischen Variante werden die Streben links und rechts am Rohr angelegt, verbreitet sind auch die Ausführungen als Wraparound oder Monostay. Wenn du einen komfortablen Rahmen haben möchtest, musst du die Sattelstreben sorgfältig auswählen, insbesondere wenn du dicke Kettenstreben verwendest. An Querfeldein- oder Touring-Rahmen mit Cantilever-Bremsen sind Sattelstreben bisweilen speziell geformt oder verstärkt, um der Geometrie der Bremsen und den erhöhten Bremskräften gerecht zu werden.

Kettenstreben
Die Länge der Kettenstreben hat großen Einfluss auf das Handling des Rads. Längere Streben bieten zusätzlichen Komfort, kürzere Streben ermöglichen ein direkteres Handling und mehr Wendigkeit. Auch die Form der Streben am Tretlager ist von Bedeutung. Dickere Streben sorgen für zusätzliche Stabilität, was dir insbesondere bei kraftvollen Antritten zugutekommt.

Oberrohr

Bei der Compact-Geometrie fällt das Oberrohr zum Sattel hin leicht ab. Diese Variante ist meist muffenlos verbaut, weil es schwierig ist, Muffen für die veränderten Winkel an Steuer- und Sitzrohr zu modifizieren. Generell kann man sagen, dass Rahmenbauer, die mit Stahl arbeiten, nach wie vor die traditionelle Geometrie mit waagerechtem Oberrohr bevorzugen, während die Compact-Geometrie eher bei den modernen Materialien wie rostfreiem Stahl, Aluminium oder Titan verbreitet ist.

Sitzrohr

Das Sitzrohr bestimmt die Größe des Rahmens. Wenngleich diese mittels der Sattelstütze reguliert werden kann, muss das Rohr dennoch sorgfältig vermessen werden, damit der Rahmen genau passt. Das Sitzrohr bildet die Verbindung zwischen Vorderbau und Hinterbau. Strukturell ist es von geringer Bedeutung (bei manchen experimentellen Carbonrahmen wird sogar ganz darauf verzichtet), bei handgefertigten Rahmen spielt es aber nach wie vor eine wichtige Rolle.

ANLÖTTEILE FÜR FLASCHENHALTER

Anlötteile für Flaschenhalter sind an den meisten Rennradrahmen bereits vorhanden. Bei Bahn- und Querfeldeinrahmen wird in der Regel darauf verzichtet, sie können aber ohne weiteres nachträglich angebracht werden.

ANLÖTTEIL FÜR UMWERFER

Manche Stahlrahmen haben einen Anlötsockel für den Umwerfer, was eine feine Sache ist, denn die Klemmungen, mit denen Umwerfer meist angebracht sind, können die Lackierung beschädigen. Bei manchen Übersetzungen kann ein solcher Sockel allerdings Probleme verursachen. Berücksichtige dies, wenn der Rahmen gebaut wird.

Der Fertigungsprozess

Stahl

Die älteste Methode des Fahrradbaus ist kompliziert, hat sich aber bewährt. Stahlrahmen werden normalerweise mit Muffen gefügt und verlötet. Beliebte Rohrsätze, die für gemuffte Rahmen traditionell verwendet wurden, waren u.a. die 531er und 853er von Reynolds sowie Columbus SL und SLX. Als in den 1990er Jahren das WIG-Schweißen immer weitere Verbreitung fand, wurde es möglich, leichtere Rahmen aus moderneren Stahlrohren zu fertigen. Zeitgenössische Beispiele sind Rohrsätze wie Dedacciai Zero Replica und Columbus Spirit. Edelstahl setzt sich immer mehr durch. Zwar ist das Material teuer, dafür aber so hochwertig wie Stahl und so langlebig wie Titan. Gängige Ausführungen sind Reynolds 953 und Columbus XCr.

Als nach immer leichteren Rahmen verlangt wurde, verzichteten die Konstrukteure schließlich ganz auf Muffen. Für die Löttechnik ohne Muffen müssen die Rohre sorgfältig geschnitten und geschliffen werden, um perfekt gefügt werden zu können. Ob damit gegenüber einem guten Paar sehr leichter Muffen wirklich Gewicht gespart wird, sei mal dahingestellt. Letztlich ist es eine Sache des persönlichen Geschmacks.

Viele Stahlrahmenhersteller verwenden inzwischen das WIG-Schweißverfahren, um Rohre zu fügen. Es ist sauber und schnell und kann auf verschiedene Materialien wie z.B. Stahl, Aluminium und Titan angewendet werden. Eine Menge Rahmenbauer bevorzugen zwar noch das traditionelle Hartlöten, mit dem WIG-Schweißen ist es aber möglich, aus größeren Rohren, die vielseitiger gefügt werden können, leichtere Rahmen zu fertigen. Auf diese Weise lassen sich Rahmen mit verschiedenen Rohrdurchmessern realisieren, die unterschiedlichen Belastungen Rechnung tragen.

Titan

Titan ist extrem schwer zu schweißen und fast unmöglich zu löten, das gängige Verfahren beim Titanrahmenbau ist daher das WIG-Schweißen. Dadurch können sehr leichte Rahmen gefertigt werden, für die nur wenig zusätzliches Material benötigt wird, um die Rohre zu fügen. Es ist allerdings schwierig, auf einem unbehandelten Material wie Titan Fehler zu kaschieren. Schweißer brauchen also eine Menge Erfahrung und müssen mit dem Material vertraut sein. Titanrahmen werden daher meist von sehr fähigen Schweißern gefertigt.

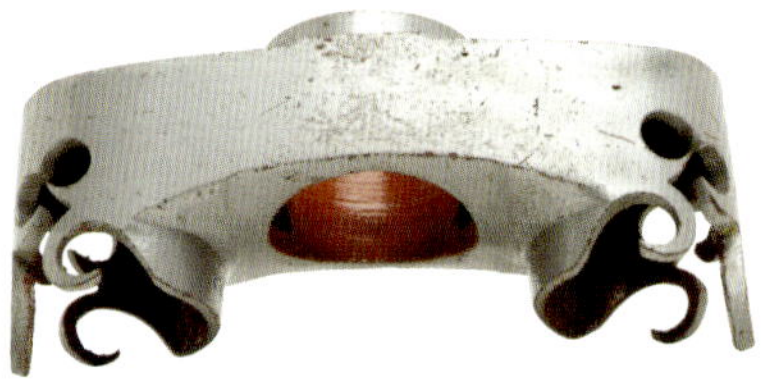

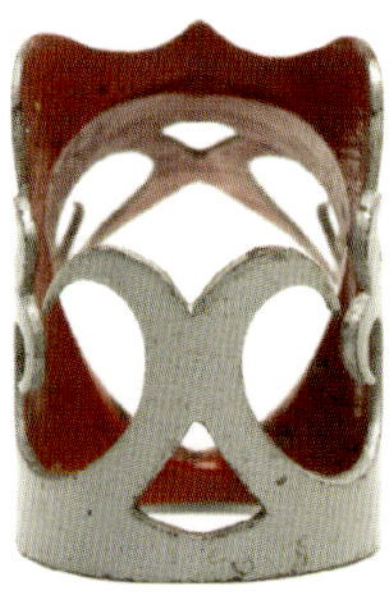

Oben: Muffenlos gefügte Stahlrohre (Querschnitt).
Rechts: Einige Beispiel extravaganter und besonders kunstvoller Muffen.

Aluminium

Aluminiumrahmen wurden ursprünglich mit Muffen und Klebstoff gefügt. Die dabei entstandenen Rahmen waren billig, aber auch ein wenig unzuverlässig. Verschweißt wurden bis in die späten 1980er Jahre hinein nur die teuersten Alurahmen, dann machte die WIG-Technik einen Entwicklungssprung und die Ausrüstung wurde erschwinglicher. Aufgrund des Mountainbike-Booms verlegten sich die Hersteller in Fernost, vor allem in Taiwan, darauf, für die großen Anbieter auf dem Markt günstige Aluminiumrahmen zu schweißen. Gute Aluminiumrahmen sind schwer zu finden, und das Material muss sorgfältig gewählt werden. Empfehlenswert sind Scandium-Rohre von Easton und die Dedacciai-Rohrsätze SC 6110 A-T6 und 7003-T6.

Carbon

Um einen maßgefertigten Carbonrahmen herzustellen, verwendet man am besten so wie bei der Bauweise mit Stahl einzelne Rohre. Der große Unterschied ist, dass sich Carbon nicht schweißen lässt. Alle Carbonrahmen müssen also geklebt und anschließend wärmebehandelt werden (um den Kleber auszuhärten). Viele Hersteller haben eigene Verfahren zur Aushärtung entwickelt, die sie wie ein Geheimnis hüten. Ernesto Colnago stellte 1994 mit dem legendären C40 den ersten Carbonrahmen vor, der entsprechend der individuellen Spezifikationen des Fahrers maßgefertigt werden konnte. Das gleiche Verfahren wird noch heute für den Carbonrahmenbau angewendet.

Oben: Verschweißte Aluminiumrohre (Querschnitt).
Links: Ein mit Muffen gefügter Carbonrahmen.

Richard Sachs Cycles

No. 73, Hastings Pond Road
Warwick
MA 01378
USA
www.richardsachs.com
+1 978 544 1842

Wenn man zum ersten Mal ein Rad von Richard Sachs sieht, fühlt man sich magisch davon angezogen. Die perfekte Verarbeitung, die sachlichen, schnörkellosen Linien und die üppige Lackierung tragen alle zu seiner schlichten Schönheit bei. Ich bin schon über viele Räder ins Schwärmen geraten, aber ein Rad von Richard Sachs ist etwas ganz Besonderes.

Rahmen von Sachs bestechen durch ihre klassische Linienführung, aber gleichzeitig haben sie einen ganz eigenen Charakter und strahlen etwas ausgesprochen Modernes aus. Am ehesten lassen sie sich mit den Arbeiten der traditionellen Stahlrahmenbauer aus Japan vergleichen. Als einer der großen Namen des Metiers gilt Yoshiaki Nagasawa, der die Kunst des Handlötens wie kein Zweiter beherrscht und ohne Zweifel großen Einfluss auf Sachs hatte (der im Übrigen stolzer Besitzer mehrerer Nagasawa-Rahmen ist). Bei einer Fahrradmesse in New York hatte Sachs das Glück, den Meister persönlich kennenzulernen. „Ich bewundere die tiefe Verehrung der Japaner für hochwertige, handgefertigte Arbeiten aller Art, egal wie bedeutend oder banal sie sein mögen. Entscheidend ist der respektvolle Umgang mit dem Handwerk und den Traditionen und die, wie ich vermute, völlige Missachtung kommerzieller Aspekte. Mit der gleichen Einstellung gehe ich an den Rahmenbau heran."

Richard Sachs baut seit 1972 Fahrradrahmen. Er arbeitet nach wie vor allein, weswegen die Wartezeit für einen seiner Rahmen beträchtlich ist. Er bestimmt die Geometrie, schneidet und verlötet die Rohre, fertigt die Muffen und erledigt alle sonstigen Arbeiten, die nötig sind, um die acht bis zehn Rahmen, die er im Monat baut, zu vollenden. Richard Sachs ist selbst genug Rennen gefahren, um die Qualität seiner Räder beurteilen zu können. Ja, sie fahren sich ganz gut, wie er in aller Bescheidenheit bestätigt:

„Ich baue sorgfältig konzipierte, präzise konstruierte und handgefertigte Rennradrahmen. Dafür verwende ich PegoRichie-Rohre von Columbus und die besten Stahlformstücke, die zu haben sind. Im Laufe der Jahre konnte ich meine Erfahrungen im Sport mit meiner handwerklichen Herangehensweise an den Rahmenbau verbinden, um ein zuverlässiges, reproduzierbares Fertigungsverfahren zu entwickeln, das es mir ermöglicht, einen vollkommen geraden, ausgewogenen Rahmen herzustellen."

„Rahmen von Sachs bestechen durch ihre klassische Linienführung, aber gleichzeitig haben sie einen ganz eigenen Charakter und strahlen etwas ausgesprochen Modernes aus."

OVAL
RICHARDSACHS
COLE

OVAL
RICHARDSACHS

Verwendete Materialien:
PegoRichie-Rohre, die den Versuch von Dario Pegoretti und mir darstellen, ein zeitgenössisches, modernes Material zu entwickeln, das mit Muffen gefügt werden kann und das Gewicht, die Festigkeit und die emotionalen Merkmale aufweist, die man von einem Rad erwartet, das im Atelier eines Rahmenbauers gefertigt wird, der seine Arbeit noch selbst macht, statt sie in Asien erledigen zu lassen.

Angestellte:
Einer: Richard Sachs.

Preisspanne:
Rahmen ab 4.000 US-$, komplette Räder ab 8.000 US-$ (Stand: Dezember 2008).

Wartezeit (im Schnitt):
Die Lieferzeit beläuft sich derzeit auf sieben Jahre.

Gebaute Rahmen pro Jahr:
50 bis 60; die Rahmen für das Team RS Cyclocross nicht eingerechnet.

Wer sind deine Kunden und wie würdest du sie „definieren"?
Meine Kunden sind eine bunte Mischung aus Menschen, die zu unterscheiden vermögen und sich nicht vom Marketing beeinflussen lassen, ein Bewusstsein für die Geschichte der Branche haben, sich nicht für dumm verkaufen lassen möchten, genau wissen, worum es geht, und es darüber hinaus nicht eilig haben. Ich führe mit vielen meiner Kunden unzählige Telefonate, bevor sie sich entscheiden. Soweit ich es beurteilen kann, informieren sie sich sehr sorgfältig und wissen genau, was sie wollen und brauchen, und haben kein Problem damit, ein bisschen zu warten.

Seit wann baust du Räder?
Ich bin 1972 nach London gekommen und habe Ende 1975 dann Richard Sachs Cycles gegründet.

Baust du auch Rahmen für den Profibereich?
Früher schon, aber die Zeiten haben sich geändert. Es ist noch gar nicht so lange her, da sind bei nationalen und internationalen Meisterschaften bis zu 30 Fahrer für die USA und Kanada auf Sachs-Rädern angetreten. Für mich, oder besser gesagt für „uns", hatte das alles ein Ende, als die Verbände Richtlinien erließen, nach denen die Fahrer ausschließlich Marken aus dem offiziellen Pool der Unternehmen verwenden durften, die ihnen im jeweiligen Jahr das Geld nachgeschmissen haben.

Wodurch wurde dein Interesse für den Fahrradbau geweckt?
Das ist eine viel zu lange Geschichte. Geplant war es jedenfalls nicht. Ich bin in London gelandet, nachdem ich für einen miesen Schrauberjob, von dem ich eh keine Ahnung hatte, abgelehnt worden war. Eine Menge über Räder zu lernen und nach Übersee zu gehen, war eher eine Art Akt der Rache an dem Laden als sonst irgendwas.

Wer hat dir dein Handwerk beigebracht?
Das meiste habe ich mir selbst angeeignet. Ich war ein Jahr bei Witcomb Lightweight Cycles in London, wo ich aber nicht als Lehrling angestellt war. Trotzdem habe ich mir dort so viel angesehen und angeeignet, wie es ging, aber als ich nach Connecticut kam und ins Geschäft einstieg, hatte das, was ich tat, nicht mehr viel mit dem zu tun, was ich dort gesehen hatte.

SRAM Red
RICHARDS

Wer beeinflusst dich heute?
Vor langer Zeit gab es Leute, die mich beeinflusst haben, wie z.B. Bill Hurlow oder auch Faliero und Alberto Masi mit ihrem legendären Laden am Velodromo Vigorelli in Mailand. Und natürlich Yoshiaki Nagasawa. Das war aber in den 70ern und frühen 80ern. Heute bediene ich mich bei allem, was mir irgendwie brauchbar erscheint. Dabei ist viel Fantasie im Spiel, gepaart mit einem relativ geringen Selbstwertgefühl. Ich habe mich immer gefragt, was an den Orten möglich ist, zu denen ich keinen Zugang habe. Also erschuf ich eine Art mythischen Arbeiter, der Erfahrungen und Designelemente kanalisierte, bis ich mich schließlich irgendwie in ihn verwandeln könnte. Sagen wir mal so: Alleine zu arbeiten, hat eine Menge für sich, es bringt aber auch ein paar Dämonen mit sich!

Welches ist das beste Rahmenmaterial?
Stahl. Weil ich mich damit wohlfühle und es beherrsche - basta.

Wie vermisst du deine Kunden?
Intuitiv.

Welches ist die spannendste neue Entwicklung hinsichtlich Rahmendesign oder Rohrtechnologie?
Allen voran der PegoRichie-Rohrsatz, den es inzwischen in der dritten Generation gibt und der in zwei Gewichten und zwei Längen erhältlich ist.

Welches ist das wichtigste Element des Rahmens?
Das Design steht über allem. Konstruktion und Material streiten sich um den zweiten Platz. Ich baue keine Konzepträder, Ausstellungsstücke oder unfahrbare Prototypen. Ich kümmere mich nicht darum, welche Winkel gerade angesagt sind, und ich ändere auch nicht jede Saison meine Materialien, Rohrformen oder Fügeverfahren.

Was möchtest du für deine Kunden erreichen?
Darüber habe ich mir nie den Kopf zerbrochen. Ich baue nach wie vor Rahmen, um besser zu verstehen, warum so viele Räder zu dem werden, was sie wollen, statt zu dem, was eigentlich geplant war. Selbstverständlich bekommen meine Kunden stets einen Rahmen, der ihnen passt und sie zufriedenstellt, aber wenn man etwas von Hand herstellt, insbesondere etwas so Heikles wie einen Stahlrahmen, muss man bereit sein, sich ein Stück weit dem Material zu überlassen. Auch nach 30 Jahren staune ich immer noch darüber, dass keine zwei Räder gleich sein können. Meine Aufgabe ist es, mich nach dem Besseren der beiden zu richten und es zu wiederholen. So läuft das.

Wer ist oder war der beste Rahmenbauer und warum?
Rahmen sind Gegenstände, und solange nicht auch ein Fahrer im Spiel ist, gibt es keine Möglichkeit, sie zu beurteilen. Soll heißen: Es gibt keinen „Besten", und es wird auch nie einen geben.

-133 in. lbs.

Lenkung

Gabeln

So wie die Straßen haben sich auch die Fahrradgabeln verbessert. Früher waren die Gabeln riesengroß, unzuverlässig und zerbrechlich, die Straßen waren uneben und Asphalt eine Seltenheit. Auf schlechten Straßen benutzten die Fahrer entsprechend Räder mit langem Radstand und breiten Reifen. Die Räder waren also etwas bequemer als heute, dafür aber auch, so wie die frühen Mountainbikes, schwerfällig und träge.

Großen Einfluss auf das Fahrverhalten hatte das Gabeldesign. Wenngleich das zur Verfügung stehende Material recht primitiv war, wurde die Geometrie nach und nach verfeinert, um die bestmögliche Mischung aus Komfort und Handling zu erhalten, wodurch wiederum höhere Geschwindigkeiten erreicht wurden. Das Problem mit den Rädern vor den 1960er Jahren war, dass sie wegen des langen Radstands und der langen Gabel keine engen Kurven fahren konnten.

Als Stahlrohre zuverlässiger wurden, waren leichtere und direktere Gabeln möglich. Im Zuge der verbesserten Straßenverhältnisse konnte die Vorbiegung verringert werden, und der Komfort, den längere und elastischere Gabeln boten, war nicht mehr so entscheidend wie zuvor. Durch zahlreiche Experimente in den 1970er und 1980er Jahren hat sich, abhängig von der Rahmengröße, eine Standardgabel für Rennräder entwickelt. Folglich geht es heute auch beim Gabeldesign ebenso sehr um das Material wie um die Maße.

Links: Rennradgabel aus Carbon.
Rechte Seite: Straight Fork aus Stahl.

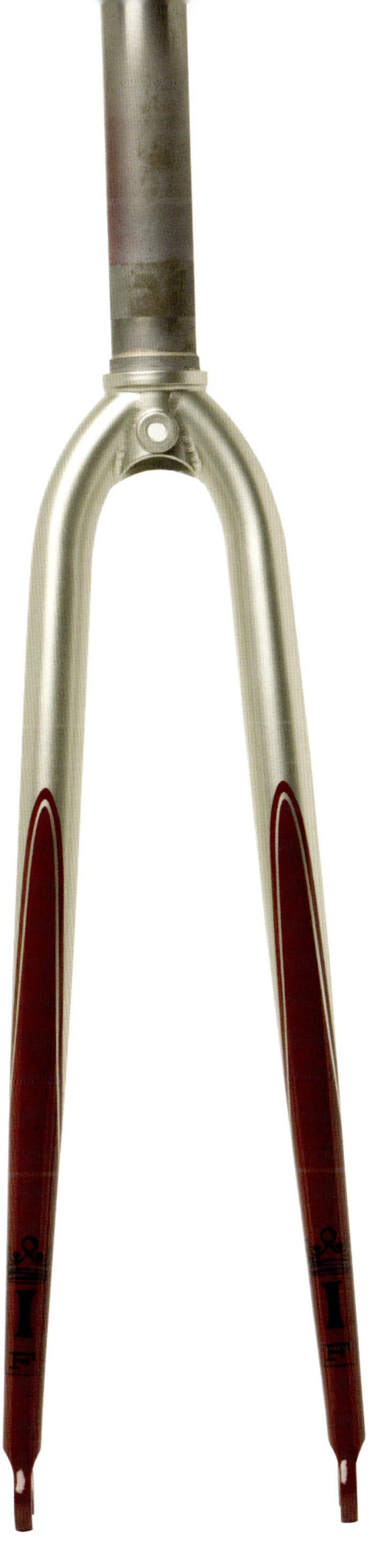

Stahlgabeln

Mit Stahlgabeln machst du grundsätzlich nichts verkehrt. Zwar sind sie schwerer als Carbongabeln, dafür garantieren sie auch auf unebenen Straßen eine ruhigere Fahrt und ein zuverlässigeres Handling. Viele der besten Rahmenbauer wie z.B. Richard Sachs verwenden maßgefertigte Stahlgabeln, um die Gesamtgeometrie des Rads perfekt abzurunden. Es erfordert ein hohes Maß an Sachverstand und Geschick, dies richtig hinzubekommen. Eine Stahl- oder Carbongabel von der Stange könnte die einfachere Wahl darstellen (weswegen wohl auch viele Rahmenbauer darauf zurückgreifen), sie wird in den meisten Fällen aber nicht so präzise zum Rahmen passen wie ein handgefertigtes Stück. Manche Carbongabeln werden daher nach den exakten Vorgaben der Rahmenhersteller auf Maß gefertigt, und es ist unbedingt notwendig, diese stets durch eine Gabel mit den korrekten Spezifikationen zu ersetzen.

Straight Forks

Ernesto Colnago und andere italienische Hersteller haben diese Gabeln Anfang der 1990er Jahre bekanntgemacht. Sie verzichteten auf die sonst übliche Vorbiegung. Stattdessen wurden die Gabelbeine schräg nach vorn stehend am Gabelkopf angebracht. Das ging zwar aufgrund der geringeren Federwirkung zulasten des Komforts, dafür sollte sich ein direkteres Lenkverhalten ergeben. Insgesamt war das Ganze wohl mehr Schein als Sein, aber die Gabeln waren etwas leichter als solche mit Vorbiegung und – noch wichtiger – einfacher herzustellen. Immerhin brachte die Abkehr vom traditionellen Design Bewegung in die Entwicklung neuer Gabeln. Als die Hersteller (allen voran Dario Pegoretti) anfingen, mit besseren Rohren und WIG-Schweißen zu experimentieren, verwarfen sie die Gabelkopfmuffe und begannen, die beiden Gabelbeine mittels der so genannten Unicrown-Bauweise zu verbinden, was viel Gewicht sparte und die Gabel spürbar steifer machte.

Carbongabeln

Als sie Mitte der 1990er erstmals auftauchten, war es noch ein ziemlich heikles Unterfangen, Stahlgabelscheiden durch Carbon zu ersetzen, insbesondere da die Massenproduktion mit Kohlefaser-Verbundwerkstoffen noch in den Kinderschuhen steckte. Die Gabeln waren primitiv und benötigten Aluminiumteile für Gabelschaft und Gabelkopf; die Gabelscheiden wurden geklebt. Die Formungs- und Klebeverfahren waren gut gehütete Geheimnisse, aber nach und nach gelang es den Herstellern, Gabeln zu bauen, die wesentlich leichter waren als solche aus Stahl. Carbongabeln können die Steifigkeit der Lenkung in gewissem Umfang verbessern, wirken sich auf den Fahrkomfort aber nicht gerade förderlich aus. In Verbindung mit übergroßem Lenker und Vorbau können lange Ausfahrten und Ritte über Pflastersteine ein ziemlich schmerzhaftes Vergnügen sein. Gabelköpfe und -schäfte aus Aluminium werden mittlerweile nur noch für billige Carbongabeln verwendet, da Vollcarbongabeln heutzutage in einem Stück und aus zuverlässigen Materialien gefertigt werden.

Cyclocross

Cyclocross-Gabeln müssen anderen Anforderungen genügen als Straßengabeln. Generell muss ein längerer Radstand gegeben sein, außerdem ist die Gabel etwas länger als üblich, um den Gabelkopf vor Schlammspritzern zu schützen. Viel wichtiger ist aber die stärkere Vorbiegung (bis zu 55 mm), die auf unbefestigten Straßen und im Gelände für ein geschmeidigeres und stabileres Fahrverhalten sorgt. Weil Querfeldeinrennen immer schneller und auch technisch weniger anspruchsvoll wurden, hat sich die Geometrie mehr und mehr derjenigen normaler Rennräder angeglichen. Es hat eine Weile gedauert, bis es die Hersteller hinbekommen haben, Anlötteile für Cantilever-Bremsen zu integrieren, mittlerweile aber stellen Carbongabeln im Querfeldeinbereich eine echte, leichtere Alternative zu Stahl dar.

Links: Cyclocross-Gabel aus Stahl.
Rechte Seite: Cyclocross-Gabel aus Carbon.

Vorbiegung und Nachlauf

Diese beiden Begriffe werden oft verwechselt und beziehen sich auf zwei ganz unterschiedliche Aspekte der Rahmengeometrie. Beide wirken sich entscheidend auf das Handling des Rads aus, sie werden aber vom Steuerrohrwinkel bestimmt, der wiederum meist von der Größe des Rahmens und vom Verwendungszweck abhängt.

Ganz einfach gesagt bezeichnet die Vorbiegung die Krümmung der Gabel. Die angegebene Größe ist im Prinzip die Distanz zwischen dem Gabelende bzw. der Laufradachse und der gedachten Verlängerung des Steuerrohrs. Wenngleich manche Hersteller die Vorbiegung mit einem Winkel angeben, wird sie bei modernen Rennrädern zumeist als Längenmaß berechnet, und das liegt in der Regel zwischen 40 und 50 mm. Welches Maß für dein Rad sinnvoll ist, hängt von der Rahmengröße ab.

Der Nachlauf hingegen bezeichnet die Distanz zwischen dem Aufstandpunkt des Reifens auf der Fahrbahn und dem Punkt, an dem die gedachte Verlängerung des Lenkwinkels den Boden berühren würde. Der Nachlauf wird durch die Gabelvorbiegung und den Steuerrohrwinkel bestimmt und hat großen Einfluss auf das Fahrverhalten. Ein kurzer Nachlauf bewirkt ein wendiges, leichter zu steuerndes Rad, während ein langer Nachlauf für ein richtungsstabileres, aber im Handling etwas schwerfälligeres Rad sorgt. Hierbei spielen zahlreiche Faktoren eine Rolle, weswegen es unmöglich ist, die exakte Geometrie zu berechnen (so müssen beispielsweise Reifengröße, -profil und -druck berücksichtigt werden, ebenso wie Brems- und Lenkkräfte). Die Vorbiegung ist daher ein wesentlich einfacherer und zuverlässigerer Bezugspunkt, um die Gabelgeometrie zu bestimmen.

Welche Vorbiegung du verwenden solltest, wird durch Lenkwinkel und Gesamtgröße des Rads bestimmt. Für einen sehr großen Rahmen empfiehlt sich eine geringe Vorbiegung, um eine neutrale Lenkung zu gewährleisten. Ein sehr kleiner Rahmen verträgt wiederum eine etwas größere Vorbiegung. Einige Hersteller wie z.B. Colnago verwenden für ihr gesamtes Sortiment (in Colnagos Fall Standardgrößen von 51 bis 65 cm) den gleichen Gabeltyp und nehmen für Anpassungen Veränderungen an der Steuerrohrgeometrie vor. Daher sollte man sich immer zunächst eingehend informieren und den Rat des Herstellers einholen, bevor man die Gabel austauscht.

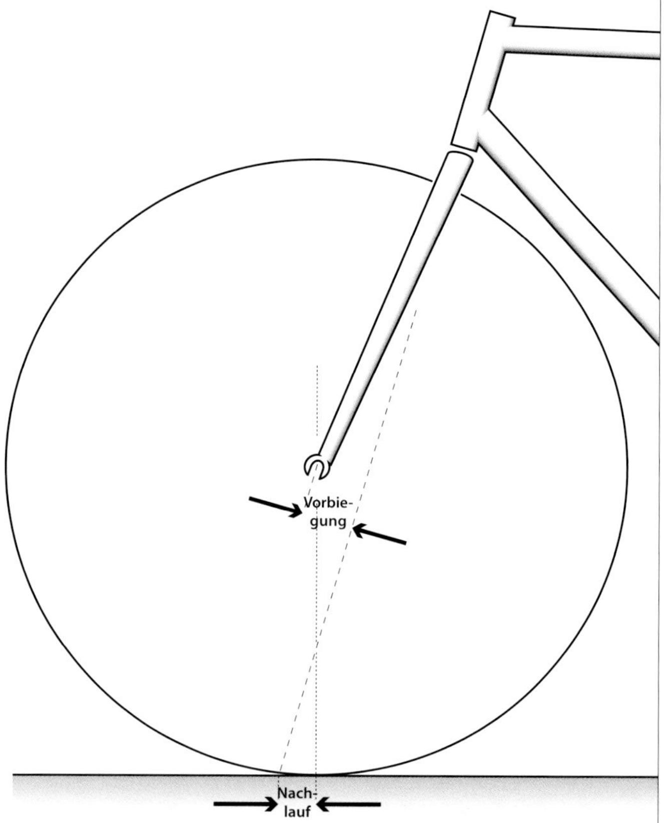

Pedal Overlap

Als die Rahmen kürzer wurden und die Geometrie steiler, rückte das Vorderrad auch immer näher an die Kreisbewegung der Füße beim Pedalieren. Solange du schnell fährst und für Richtungsänderungen nur leichte Lenkbewegungen nötig sind, ist das kein Problem, aber bei geringeren Geschwindigkeiten und in engen Kurven kann es passieren, dass der Fuß beim Einlenken das Vorderrad touchiert. Bei Rädern mit Starrlauf muss dieser Aspekt berücksichtigt werden, insbesondere für den Stadtverkehr, wo viele enge Kurven in geringem Tempo gefahren werden. Bahnräder haben nur wenig Spielraum zwischen Rahmen und Reifen, weil auf der Bahn nur wenig gelenkt wird und „Pedal Overlap" kein großes Thema ist. Ein weiterer Grund, warum solche Maschinen nicht für die Straße geeignet sind.

Gabelbruch

Es gibt viele Theorien darüber, warum Gabeln brechen. Die Hauptursachen sind meiner Erfahrung nach eine falsche Montage sowie Beschädigungen, die beim fehlerhaften Zusammenbau des Steuersatzes auftreten. Am besten ist es, die Gabel stets von einem erfahrenen Techniker anbringen zu lassen. Ist der Ahead-Vorbau erst einmal montiert, solltest du nicht mehr daran herumbasteln, da sonst der Gabelschaft verkratzen könnte. Insbesondere Carbon reagiert äußerst empfindlich auf Kratzer und Schäden, die auftreten, wenn der Ahead-Vorbau zu fest angezogen wird. Dadurch kommt es zum Abrieb, was wiederum Risse oder die Ablösung des Materials zur Folge haben kann. Im schlimmsten Fall droht ein Bruch des Gabelschafts. Auch Stürze auf den Lenker können das Gabelschaftrohr in Mitleidenschaft ziehen; denke daran, falls dir ein solches Malheur passiert ist. Sonst kann es dir wie George Hincapie ergehen, dem 2006 bei Paris–Roubaix die Gabel brach. Man ging davon aus, dass sich der Vorbau bei einem früheren Crash gelockert hatte und die dadurch entstandenen Schäden am Gabelschaftrohr letztlich zum Bruch führten. Vergiss also nicht, nach einem Sturz alles genau durchzuchecken – und bestreite niemals Paris–Roubaix mit einem lockeren Steuersatz.

Auch Stahlgabeln können brechen, was meist dann passiert, wenn sie vernachlässigt werden. Im Steuerohr kann sich Wasser ablagern, wodurch der Gabelschaft rostet und die Gabel nach und nach zerstört wird. Achte auf Rost an Stahlgabeln und tausche sie gegebenenfalls aus. Auch nach einem Frontalaufprall sollte die Gabel in der Regel ersetzt werden. Stahlgabeln verbiegen sich in solchen Fällen meist, sodass die Schäden deutlich sichtbar sind. Carbongabeln hingegen erscheinen bisweilen unversehrt, doch der Gabelschaft könnte durch den Aufprall dennoch arg in Mitleidenschaft gezogen und beschädigt sein. Noch einmal: Checke alles gründlich durch und lasse sämtliche Teile von einem erfahrenen Mechaniker auseinandernehmen und wieder zusammenbauen. Tausche die Gabel im Zweifel lieber aus, denn ein Bruch kann fatale Folgen haben. Viele Hersteller bieten eine Art „Sturzversicherung" an und ersetzen die Gabel nach einem Crash. Denke daran, bevor du dir für viel Geld eine neue kaufst

GABELMONTAGE

Detaillierte Anleitungen sind von jedem Hersteller erhältlich. Generell werden alle Gabeln auf ähnliche Weise montiert:

- Aheadsets (also Steuersätze, die ohne Gewinde montiert werden) müssen mit dem richtigen Werkzeug und vorzugsweise von einem erfahrenen Mechaniker eingebaut werden, der den Rahmen entsprechend fräst und präpariert.
- Die korrekte Montage der Steuerkopflager an Carbongabeln ist von entscheidender Bedeutung und muss unbedingt mit dem richtigen Werkzeug erfolgen. Wird dabei gepfuscht, kann es zum Gabelbruch kommen.
- Sobald der Gabelschaft auf Maß geschnitten und die Gabel montiert wurde, kann sie nicht mehr verlängert werden. Es kann also teuer werden, hier nicht die notwendige Sorgfalt walten zu lassen.
- Spacer unter dem Ahead-Vorbau sollten auf 30 mm begrenzt sein. Ansonsten wirst du wahrscheinlich ein längeres Steuerrohr brauchen, um deine Sitzposition anzugleichen.
- Achte darauf, stets den richtigen Ring zu benutzen, um die Aheadset-Kappe zu sichern. Verwende dafür niemals Teile einer anderen Gabel (insbesondere nicht solche, die Gabelschäfte aus Stahl verwenden).

Steuersätze und Aheadsets

Das Mountainbike kann sich auf die Fahne schreiben, großen Anteil an der Entwicklung des Aheadsets in den späten 1980er Jahren gehabt zu haben. Das Patent wird zwar von Dia Compe gehalten, ich habe aber Bilder solcher Bauweisen gesehen, die mehr als ein halbes Jahrhundert alt sind. Wie die meisten „Erfindungen“ sind also auch Aheadsets nicht so neu, wie man vielleicht meint.

Traditionell wiesen Gabelschaftrohre für Rennräder einen Durchmesser von einem Zoll (25,4 mm) auf. Bevor gewindelose Aheadsets aufkamen, wurde das Gabelschaftrohr mit einem Steuersatz am Rahmen angebracht. Der Vorbau wurde in den Gabelschaft gesteckt und mit einer Klemmung bzw. Spannvorrichtung fixiert, was simpel, aber effektiv war. Solche Vorbauten und Steuersätze sieht man heute kaum noch, weil spezielles Werkzeug nötig ist, um sie zu justieren. Die klassischen Vorbauten machten es schwierig, den Lenker abzubauen, ohne das ganze Lenkerband und die Bremshebel zu entfernen. Andererseits lässt sich mit ihnen die Lenkerhöhe wesentlich unkomplizierter einstellen als mit einem Aheadset. Abgesehen davon sehen sie an einem klassischen Rennrad verdammt gut aus.

1-Zoll-Steuersätze mit Gewinde werden heute nur noch selten verwendet. An den meisten Rennrädern werden etwas größere 1 1/8-Zoll-Aheadsets verbaut, die inzwischen Standard sind. Das Aheadset ist eine relativ unkomplizierte Komponente, die einfach zu pflegen und zu warten ist. Meist genügen Inbusschlüssel statt der großen Schlüssel, die für die Steuersätze mit Gewinde nötig waren. Das Aheadset-System besteht aus zwei Lagerschalen, die sich an den beiden Enden des Steuerrohrs befinden. Die Lager verlaufen in diesen Schalen und werden an einem Ende vom Gabelkopf und am anderen Ende vom Vorbau fixiert. Mit Hilfe der Schraube an der Aheadset-Kappe wird die Feinabstimmung vorgenommen. Der Lenkervorbau hält alles zusammen und verhindert, dass sich das Ganze lockert.

Einen neuartigen Ansatz bieten Rahmendesigns, bei denen das Steuerrohr oben und unten verbreitert ist, um die Lager aufzunehmen. So ist es möglich, Steuerrohre mit größeren Durchmessern herzustellen. Ich bin ehrlich gesagt überrascht, dass sich dieses System durchgesetzt hat, und glaube, dass es lediglich eine Veränderung um der Veränderung willen darstellt, denn letztlich funktioniert es keinen Deut besser als das alte. Außerdem müssen die Maße exakt stimmen – ist der Rahmen erst einmal gebaut, ist es ziemlich knifflig, noch etwas zu verändern.

Kopfmutter – wird per Gewinde auf das Gabelschaftrohr montiert und fixiert die Einstellung der Lager.

Dichtung – hat normalerweise eine Kralle, mit der sie im Gabelschaftrohr eingeschlagen wird, und sorgt dafür, dass die Kopfmutter sich unabhängig drehen kann, wenn sie auf der oberen Lagerschale befestigt wird.

Obere Lagerschale – nimmt die oberen Kugellager auf.

Oberer Lagerring – wird in den Rahmen eingepresst und fixiert die Lager auf dem Steuerrohr.

Untere Lagerschale – wird ebenfalls in den Rahmen eingepresst und befestigt die unteren Lager.

Unterer Lagerring – wird auf den Gabelkopf gepresst und fixiert die Lager auf der Gabel; er ist meist abgedichtet, um das Eindringen von Wasser und Schmutz in die Lager zu verhindern.

Bianchi benutzte in den 1950er Jahren für den wegweisenden Specialissima-Rahmen ein ähnliches System, das aber schließlich wieder verworfen wurde. Vermutlich, weil die Schalen im Steuerrohr sich schnell abnutzten und die verfügbaren Ersatzteile und Lager nicht besonders gut waren. Natürlich hängt Fausto Coppis Rad mit unversehrter integrierter Einheit auch heute noch im Bianchi-Werk an der Wand, seitdem sind die Rahmenbauer aber dazu übergegangen, individuell gefertigte und austauschbare Teile zu verwenden.

Die Hersteller von Aluminiumrahmen setzen heutzutage oft integrierte Steuersätze ein, die leichter und steifer sein sollen als die Standardausführungen. Meines Erachtens ist das nicht erwiesen. Zwar erzeugen kürzere, dünnere Steuerrohre höhere Belastungen auf die Lager als längere und dickere. Trotzdem bedeutet dies eine meiner Meinung nach überflüssige Abkehr von einem funktionierenden, einfach zu wartenden System.

Vor allem in Titanrahmen bereiteten frühe integrierte Steuersätze den Mechanikern massive Probleme, insbesondere weil Titan ein sehr festes Material ist. Empfindliche Lagerschalen mögen es überhaupt nicht, wenn man sie mit Gewalt einzwängt, noch dazu in ein Material, das mit handbetriebenen Schneidewerkzeugen nur sehr schwer bearbeitet und präpariert werden kann. Hersteller, die integrierte Steuersätze verwenden, sagen weiterhin, sie würden das Handling und das Lenkverhalten verbessern. Das ist Unsinn und vermutlich nur eine Ausrede, um Rahmen und Gabel als Einheit beibehalten zu können. Wenngleich integrierte Steuersätze nach etwas Handfestem aussehen und in hübsche Formen gebracht werden können, haben sie mit wirklich entscheidenden Aspekten wie Funktionalität und sinnvoller Komponentenwahl nur herzlich wenig zu tun. Letzten Endes sind sie mehr Schein als Sein.

Chris King

2801 NW Nela Street
Portland
OR 97210
USA
www.chrisking.com
+1 800 523 6008

Ich besitze nicht viele Komponenten, die deutlich länger als 20 Jahre gehalten haben (spontan fällt mir eine Campagnolo Record-Sattelstütze ein, die ich für mein Alltagsrad verwurstet habe). Was mich aber immer wieder in Erstaunen versetzt, ist ein 1-Zoll-Aheadset von Chris King, das ich bereits an mehr Räder montiert habe, als ich mich erinnern kann, darunter ein Mountainbike von Bontrager, ein Rennrad von Chris Dekerf, zahllose Querfeldeinräder und ein Bianchi-Bahnrad. Zuletzt saß es an einem Pinarello Sestriere-Rennradrahmen, einem meiner derzeitigen Lieblingsräder, auf dem ich meine ganzen Wintermeilen herunterspule. Und das Teil ist immer noch so gut wie neu.

Nur sehr wenige unabhängige Hersteller können von sich behaupten, sowohl für Sieger der Tour de France als auch für Mountainbike-Weltmeister Komponenten gebaut zu haben. Einer von ihnen ist Chris King, dessen Arbeiten in der Branche höchste Wertschätzung genießen. Warum das so ist? Nun, Chris King ist ein Ingenieur, der früher auch maßgefertigte Rahmen hergestellt hat. 1976 entwickelte er den ersten Steuersatz mit gedichteten Lagern, um sich dann viele Jahre lang voll und ganz auf dieses Produkt zu konzentrieren. So ist es Chris King gelungen, sein längst zum Klassiker gewordenes Markenzeichen, welches heute das Geheimnis hinter seinem gesamten Sortiment an Steuersätzen und Aheadsets darstellt, immer weiter zu perfektionieren. Seine geradezu besessene Liebe zum Detail und die engen Einbautoleranzen sind einzigartig. Anders als viele andere Steuersätze, die auf vorgefertigte Lager und Gehäuse von der Stange zurückgreifen, verwendet Chris King ausschließlich nach seinen Vorgaben angefertigte Lager.

Ich habe im Laufe der Jahre zahlreiche Steuersätze und Aheadsets von Campagnolo, Shimano, Stronglight, Mavic und Edco besessen, einige waren gut, andere weniger gut. Ich habe sogar erlebt, dass Lager nach nur wenigen Wochen hinüber waren. Mein Steuersatz von King funktioniert immer noch so einwandfrei wie am ersten Tag und hat schon so manchen Rahmen überdauert – selbst Stürze konnten ihm bis jetzt nichts anhaben.

„1976 entwickelte er den ersten Steuersatz mit gedichteten Lagern, um sich dann viele Jahre lang voll und ganz auf dieses Produkt zu konzentrieren."

CHRIS KING
HUB TOOL
T-HANDLE
CHRIS
KING
HUB TOOL
DRIVESHELL
BUSHING

Laufräder

Die richtigen Laufräder

IN DIESEM ABSCHNITT

Die Wahl der Laufräder ist ein wichtiges Thema. Laufräder sind eine sehr persönliche Sache, denn jeder stellt andere Ansprüche. Oftmals müssen sie individuell gefertigt werden, um den Anforderungen des Fahrers und dem Verwendungszweck des Rads zu genügen. Das Standard-Setup bei Rennrad-Laufrädern besteht aus einer Nabe mit 32 konifizierten Edelstahlspeichen, die in eine einfach oder doppelt geöste Felge eingezogen werden. Was die Endfertigung angeht, haben viele Laufradbauer zwar ganz unterschiedliche Ansichten und Techniken, ein solches Standardlaufrad stellt jedoch stets ein schönes Stück Ingenieurskunst dar, das, wenn es gut gebaut ist, die Komponenten, aus denen es besteht, ohne weiteres überdauern kann. Es gehört aber mehr dazu, als nur ein paar gute Teile zusammenzufügen.

Laufradbauer wissen, was ein gutes Laufrad ausmacht, und sie verfügen über spezielle Fertigkeiten, die keine Maschine replizieren kann. Sie arbeiten präziser und gehen beim Zentrieren mit größerer Sorgfalt vor. Und genau wie Rahmenbauer prüfen und wählen sie die für deine Anforderungen am besten geeigneten Komponenten.

Viele Fahrer sind geradezu besessen davon, stets die neuesten und leichtesten Laufräder zu haben, und machen sich möglicherweise keine großen Gedanken darüber, welche Mühe die Laufradbauer und -designer in ihre Arbeit stecken. Nach dem Rahmenbau ist die Fertigung der Laufräder der aufwendigste Prozess beim Fahrradbau. Deswegen sind handgefertigte Laufräder die beste Wahl, denn das Zentrieren und Auswuchten erfordert viel Erfahrung und ein gutes Auge. Und handgefertigte Laufräder sind oft auch am langlebigsten.

DURA-ACE
DURA-ACE
HB-7800

Leichtbau-Laufräder

Es hat durchaus etwas für sich, leichte Laufräder zu verwenden. Profis schwören auf Leichtbau-Produkte und versuchen, den größtmöglichen Vorteil herauszuschlagen, indem sie stets die neuesten und teuersten Laufräder und Ultraleicht-Reifen verwenden, die zu haben sind. Anders als die meisten anderen Menschen brauchen sie sich aber auch nur an ihr Teamfahrzeug zu wenden, wenn sie ein Laufrad vermurksen oder einen Platten haben, und bekommen sofort Ersatz. Sofern du auf diesen Luxus verzichten musst und deshalb möchtest, dass deine Laufräder ein paar Jahre halten, solltest du von Leichtbau-Varianten besser die Finger lassen.

Leichte Laufräder bieten einige tolle Vorteile. Sie sparen nicht nur Gewicht, sondern beschleunigen auch schneller und verbessern das Fahrverhalten. Trotzdem solltest du in Betracht ziehen, deine Laufräder selbst zu bauen. Mit den richtigen Materialien und der gebotenen Sorgfalt kannst du eigenhändig ein Paar herstellen, das es in puncto Gewicht locker mit einem teuren Systemlaufradsatz aufnehmen kann und zudem möglicherweise länger hält und zuverlässiger läuft als ein industriell gefertigtes Exemplar. Teure Laufräder sind zudem nicht unbedingt für den täglichen Gebrauch vorgesehen und bauen schnell ab, wenn die einzelnen Komponenten an die Grenzen der Materialtechnologie stoßen. Hebe sie dir für wichtige Wettkämpfe und lange Ausfahrten im Sommer auf. Trainingsfahrten im Regen oder bei winterlicher Witterung können ihre Lebensdauer erheblich einschränken.

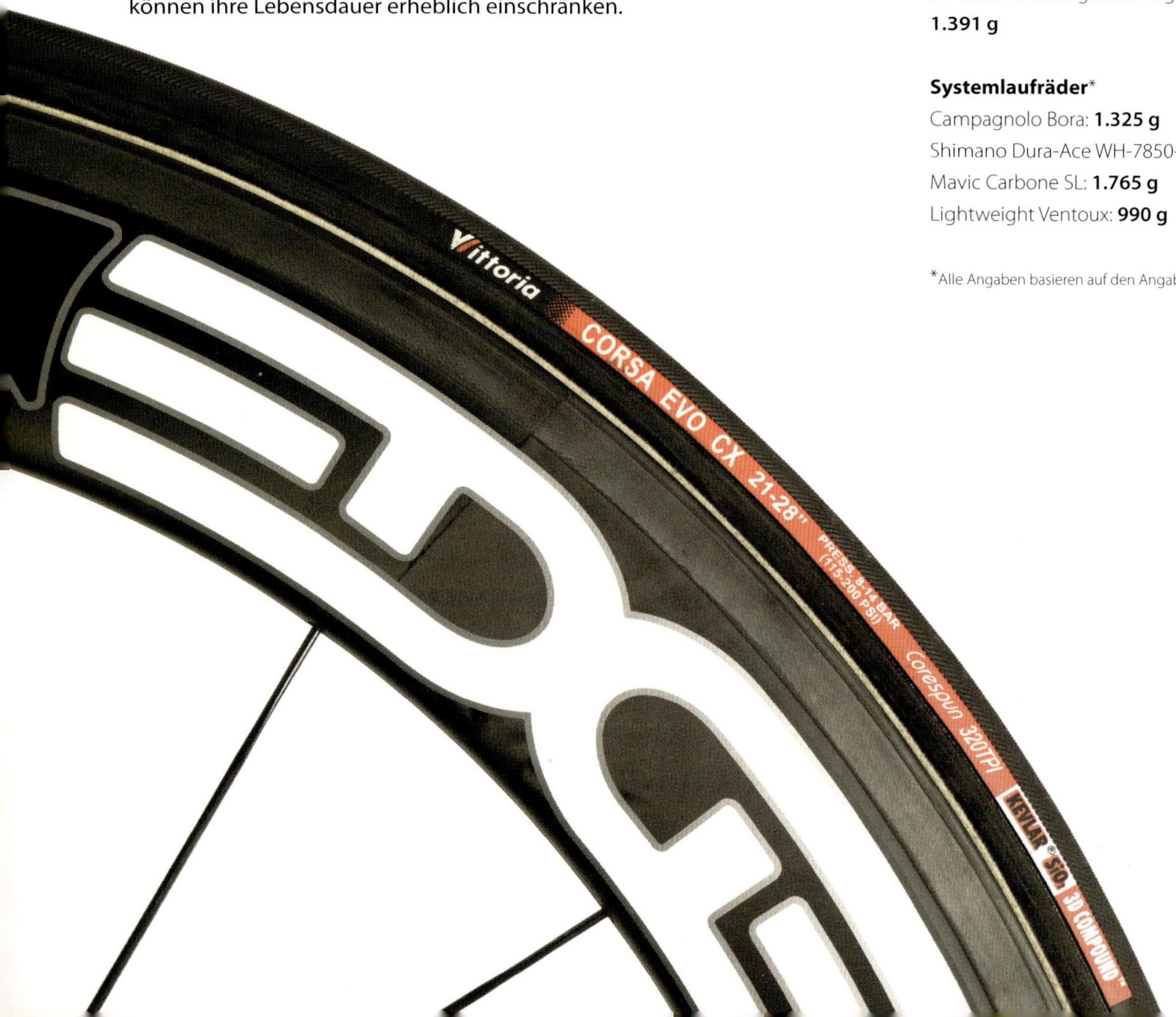

GEWICHTE

Normale 32-Loch-Laufräder wiegen in der Regel nicht viel mehr als die teuren Varianten der großen Anbieter. Sie sind außerdem wesentlich billiger und kosten bisweilen nur ein Drittel dessen, was man für einen Satz vergleichbarer Systemlaufräder bezahlt. Gerade für den täglichen Gebrauch ist meiner Meinung nach ein Satz handgefertigter Laufräder am besten geeignet, besonders wenn Aerodynamik und Rollwiderstand keine so große Rolle spielen.

Selbstbau (Standard)*:
32-Loch-Nabe Campagnolo Record
DT Speichen
DT RR1.1 doppelt geöste Felgen
1.750 g

Selbstbau (Wettkampf)*:
28-Loch-Nabe DT Swiss Ceramic
DT Revolution Speichen
DT RR1.1 einfach geöste Felgen
1.391 g

Systemlaufräder*
Campagnolo Bora: **1.325 g**
Shimano Dura-Ace WH-7850-C24-CL: **1.392 g**
Mavic Carbone SL: **1.765 g**
Lightweight Ventoux: **990 g**

*Alle Angaben basieren auf den Angaben der Hersteller.

BORA™
ULTRA
WARNING

Bahnnaben

Achsmutter 15 mm
Konterring
Ritzelgewinde
Flansch
Nabenkörper
Flansch
Konus
Kopfmutter
Achsmutter 15 mm

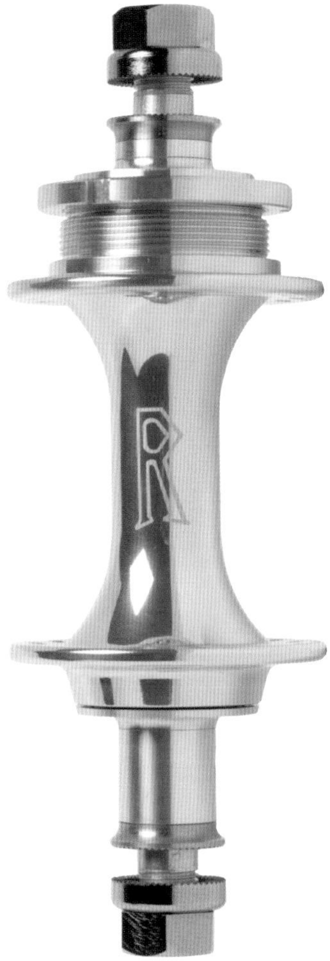

„Ich bewundere die schlichte Schönheit der Bahnlaufräder. Sie sind einfach perfekt und vereinen feinstes Laufraddesign und sehr gute physikalische Eigenschaften mit ansprechender Ästhetik."

Singlespeed-Naben

Singlespeed- und Bahnlaufräder haben gegenüber den Varianten mit Schaltung einige Vorteile: Sie sind wesentlich belastbarer, und die Speichen brechen nicht so schnell. Die Nabe ist schmaler als bei einem normalen Rennrad (120 mm im Vergleich zu 130 mm bei einem Rad mit Kettenschaltung). Die Speichenspannung ist gleichmäßiger, und die kürzere Achse ist stabiler. Das Ergebnis ist ein fast unzerstörbares Laufrad.

Die Nabe weist auf der Antriebsseite zwei Gewinde auf: Das Ritzel hat ein Rechtsgewinde und wird dadurch beim Treten automatisch festgezogen, der Konterring hat ein kleineres Linksgewinde, um ein Abdrehen des Zahnkranzes zu verhindern. Manche erfahrene Bahnfahrer entfernen den Konterring, damit sich das Ritzel lösen kann, sollte die Kette plötzlich abspringen und sich verdrehen, was zu bösen Stürzen führen kann. Für den Gebrauch auf der Straße empfiehlt sich aber ein Konterring, um auf langen Abfahrten auf die Rücktrittbremse zurückgreifen zu können.

Bahnnaben gibt es in einseitiger und beidseitiger Ausführung. Die beidseitige Variante, die sogenannte „Flip-Flop-Nabe", bietet die Möglichkeit, das Laufrad umzudrehen, und empfiehlt sich insbesondere dann, wenn du für den Straßeneinsatz zwei unterschiedlich große Ritzel oder auf der einen Seite einen Freilauf verwenden möchtest.

Gönne dir ein vernünftiges Ritzel. Campagnolo, Phil Wood und Shimano sind zwar teuer, aber ihr Geld allemal wert, denn billige Zahnkränze sind nicht rund, wodurch auch der Tritt unrund wird und Kette und Kettenblatt recht schnell verschleißen.

Starre Nabe

Getriebe und Bremsen müssen regelmäßig gereinigt werden, und im Winter viele Kilometer abzuspulen, tut deinem Rad nicht gut. Kette und Kassette nutzen sich bei schlechter Witterung ziemlich schnell ab, und es kann eine Weile dauern, die Kette vom Dreck mehrerer Monate zu befreien. Mit einem Fixie mit starrer Nabe ersparst du dir diesen ganzen Ärger. Große Gänge brauchst du im Winter ohnehin nicht, und die höhere Trittfrequenz kann auch nicht schaden. Starrlauf für den Straßengebrauch ist beileibe kein neues Phänomen. Es gab Zeiten, in denen alle Fahrer im Winter auf ein Rad mit starrer Nabe gewechselt sind, und bei der Tour de France wurden vor dem 2. Weltkrieg grundsätzlich nur Eingangräder benutzt. Für die Alpen mögen sie sicher weniger zweckmäßig sein, aber auf flacher Strecke sind sie perfekt und machen eine Menge Spaß. Für das Wintertraining geeignete Fixies mit Schutzblechen und Anlötteilen für Trinkflaschenhalter und Gepäckträger sind schwer zu bekommen, du kannst dir aber eins anfertigen lassen. „Reine" Bahnräder sind für den Gebrauch auf der Straße tendenziell zu nervös, und man bekommt auch keine passenden Schutzbleche oder Bremsen. Das Hauptproblem mit reinen Bahnrädern ist aber, dass sie bei längeren Touren und Trainingsfahrten auf Landstraßen nicht besonders komfortabel sind. Fixies eignen sich eher für den Stadtverkehr und kurze Strecken, allerdings sollten immer zwei Bremsen verwendet werden. Benutze niemals ein Rad ohne Bremsen auf der Straße. Das wäre einfach dumm.

Eine starre Nabe hat den Vorteil, den Schwung aufrechtzuerhalten, weshalb bisweilen Zeitfahrer und für bestimmte Rennen auch Kletterspezialisten gerne darauf zurückgreifen. Sie sorgt außerdem für einen runden Tritt (die Franzosen nennen das *souplesse*), sodass Bahnfahrer eigentlich immer eine gute Tritttechnik haben. Nach ein paar tausend Kilometern hast du es drauf, die gesamte Pedalbewegung für die Kraftübertragung zu nutzen. Am Berg wirkt sich die starre Nabe insofern positiv aus, als du gezwungen bist, den gesamten Anstieg mit nur einer Übersetzung zu bewältigen. Das hält dich davon ab, dich hängen zu lassen und die variablen Gänge zu nutzen; es lehrt dich aber auch, das Maximum aus deiner Klettertechnik herauszukitzeln. Auch bei nasser und glatter Straße hat der Starrlauf seine Vorzüge und bietet bessere Balance und Tempokontrolle als ein Rad mit Freilauf.

Ein Freilauf ist aber keineswegs nur etwas für Weicheier (wenngleich eingefleischte „Starrköpfe" dem wohl widersprechen würden). Du behältst alle wesentlichen Vorzüge eines Fixed-Gear-Setups und profitierst gleichzeitig von der Möglichkeit, es bergab rollen zu lassen.

Rahmen

Am besten ist ein Rahmen mit horizontalen, nach hinten offenen Ausfallenden und 120mm-Nabe, wie sie bei Bahnrädern üblich ist. 130mm-Rennradnaben von Shimano lassen sich mit einem Konverter von Surly (dem „Fixxer") umrüsten. Wenn du nur Freilauf möchtest, kannst du auch einen Singlespeed-Konverter verwenden, der den Umbau eines 8- oder 9-fach-Freilaufkörpers ermöglicht. SRAM stellt eine Hinterradnabe her, die für die Aufnahmebreite eines normalen Rennrads ausgelegt ist und mit einem Schraubendreher von Fixed-Gear auf Freilauf umgerüstet werden kann. Achte darauf, eine Nabe mit Muttern zu benutzen. Gewindemuttern erhalten die Kettenspannung länger als ein Schnellspanner, der unter Krafteinwirkung verrutschen kann.

Falls du noch einen alten Stahlrahmen hast, kannst du ihn überholen lassen und in einen Singlespeeder für die Straße umwandeln. Das ist nicht ganz billig, aber wenn das Rad in gutem Zustand ist und aus brauchbaren Materialien gebaut ist (z.B. Reynolds 531), ist der Umbau kein Problem. Viele Rahmenbauer bieten diesen Service an. Achte bei einem Fixie darauf, dass der Rahmen ausreichend Pedal Overlap berücksichtigt (siehe Seite 66).

Übersetzungen

Wähle eine Übersetzung von 42/16, falls du in einer flachen Gegend wohnst, oder 42/18, wenn es eher bergig ist. Manche Leute treten lieber größere Übersetzungen, ich halte eine höhere Trittfrequenz aber für sinnvoller, als sich in einem dicken Gang platt zu fahren. Auch mit 42/18 kannst du in flachem Gelände locker 32 bis 35 km/h fahren, wenn du in einer Gruppe unterwegs bist; bergab ist eine so kleine Übersetzung aber ziemlich heikel. Benutze zunächst einen Freilauf, es sei denn, du hast bereits Erfahrungen mit Starrlauf. Die Kette rollt über große Ritzel und Kettenblätter geschmeidiger und sicherer als über kleine, und zudem verschleißen größere Ritzel nicht so schnell. 44/20 ist demnach eine recht gute Kombination für einen reinen Starrlauf. Verwende stets eine 1/8-Zoll-Kette (die breiter ist als eine sonst gebräuchliche 3/32-Zoll-Kette). Überprüfe regelmäßig die Kettenspannung, wenn du ein einzelnes Kettenblatt verwendest. Eine breite Kette springt auch dann nicht, wenn du eine hohe Frequenz trittst oder die Kettenlinie auf holprigem Untergrund flattert.

Kettenlinie und -spannung

Die Bedeutung einer idealen Kettenlinie und -spannung ist nicht zu unterschätzen. Um eine akkurate Kettenlinie zu erhalten, besorgst du dir am besten eine Bahnkurbel mit einfachem Kettenblatt (u.a. Miche, TA, Campagnolo, Shimano und SRAM stellen solche Kurbeln her) und ein dazu passendes Tretlager. Das ist zwar etwas kostspielig, aber wesentlich einfacher, als ein normales Zweifach-Tretlager mit alter Kurbel zum Laufen zu bringen. Dafür müsstest du kürzere Kettenblattschrauben verwenden und das äußere Kettenblatt abmontieren. Die Kettenlinie muss aber exakt stimmen, da die Kette ansonsten springt. Auch die Kettenspannung ist wichtig. Für Singlespeeder eignen sich senkrechte Ausfallenden nicht besonders gut, weil du das Laufrad nicht vor- und zurückbewegen kannst, um für die richtige Kettenspannung zu sorgen. Die Kette sollte nicht zu stramm sitzen, aber auch nicht durchhängen. Notfalls kannst du einen Kettenspanner montieren. Das sieht zwar nicht schön aus, funktioniert aber gut.

Oben: Singlespeed-Bahnritzel – finde die für dich passende Übersetzung.
Rechts: Bahn-Hinterradnabe von Paul Components.

ESH
ESH

Rennradnaben

Fahrradnaben haben sich in den letzten 20 Jahren sehr verändert. Durch die Verwendung zusätzlicher Ritzel musste das Antriebssystem immer höheren Anforderungen genügen, was sich wiederum auf die Integrität des Hinterrads und die Stabilität der Laufräder insgesamt ausgewirkt hat.

Ursprünglich waren Hinterradnaben mit einem Gewinde ausgestattet, das es ermöglichte, einen separaten Freilauf zu montieren. Dadurch stand die Achse, anders als bei früheren Singlespeed-Naben, leicht hervor, und die ständigen Verwindungskräfte auf der Antriebsseite konnten zu verbogenen oder sogar gebrochenen Achsen führen. Als in den 1980er Jahren 7- und 8-fach-Schaltungen aufkamen und insbesondere die Mountainbikes immer höhere Anforderungen an die Stabilität von Radkomponenten stellten, musste etwas unternommen werden, um Achsbrüche zu vermeiden.

Für die zusätzlichen Zahnkränze wurde mehr Platz gebraucht, weswegen die Hersteller den Abstand zwischen den Nabenflanschen verringerten. Darunter litt zwangsläufig die Laufradstabilität. Neue, robustere Felgen wurden konzipiert, bis die Nabe schließlich zum schwächsten Glied des Laufrads wurde. Aber auch Speichenbruch wurde zu einem größeren Problem, denn der für das Ritzelpaket benötigte Platz bedingte beim Hinterrad eine asymmetrische Speichenstellung mit deutlich höherer Speichenspannung auf der rechten Seite.

Helicomatic

Die nicht ganz fehlerfreie, aber clevere Helicomatic-Nabe des französischen Herstellers Maillard ermöglichte es, die Zahnkränze mit einer in das Hinterrad integrierten, spiralförmigen Kassette zu tauschen. Ein Freilauf mit Gewinde war dadurch nicht mehr erforderlich, und Übersetzungen konnten ohne allerlei umständliches Gerät gewechselt werden. Die Idee war gut, nur die Umsetzung ließ zu wünschen übrig. Basierend auf dem zugrundeliegenden Konstruktionsprinzip entwickelte Shimano schließlich das System, das heute für sämtliche Rennräder verwendet wird.

Hohlachse – Schnellspann-Achsen sind grundsätzlich hohl, um das Einbringen des Schnellspanners zu ermöglichen.

Lagerposition – am Hinterrad sind die Lager in so weitem Abstand wie möglich angeordnet, um einen kraftvollen Antrieb zu gewährleisten.

Flansche – robuste Flansche sind nötig, um die Speichen aufzunehmen. Sie sind so angeordnet, dass die Speichen das Ritzel nicht berühren und die strukturelle Integrität des Laufrads erhalten.

Nabenkörper – die besten Naben sind aus einem Stück geschmiedet oder gedreht; das spart Gewicht und sorgt für hohe Festigkeit.

Shimano
Shimano erkannte, dass sich ausgehend von Maillards Idee das Problem verbogener Achsen lösen ließ, denn damit war es möglich, die Lager an das Achsenende zu verlegen. Das Ergebnis war das Uniglide-System, dem bald darauf die Hyperglide-Kassettennabe folgte. Gegenüber Helicomatic hatte dieses System den Vorteil, dass die Lager größer und die mit Nuten versehenen Kassettenkörper austauschbar waren, sodass die Lager einfach gefettet oder ersetzt werden konnten. Das „Glide" im Namen bezieht sich auf die veränderte Form der Zahnkränze, die einen weicheren Schaltvorgang gewährleistete (siehe auch „Kassetten", Seite 200). Das ganze System war in bewährter Shimano-Tradition vollintegriert konzipiert. In der Praxis war es damit möglich, gebrochene Speichen problemlos zu ersetzen und eine Kassette aus einzelnen Zahnkränzen zu bauen.

Speichenlöcher – sauber gearbeitete und angeordnete Speichenlöcher erleichtern den Laufradbau, und entgratete Kanten verhindern, dass die Speichen am Speichenbogen brechen.

Freilauf- oder Kassettenkörper – die Nuten fixieren die Ritzel, wobei die Muster sich je nach Hersteller unterscheiden. Der Freilauf ist im Inneren untergebracht.

Campagnolo

Campagnolo hinkte den japanischen Kollegen bei der Entwicklung von Naben lange hinterher, wenngleich ihre Super-Record- und C-Record-Naben meiner Meinung nach zu den schönsten Komponenten gehören, die sie jemals gebaut haben. Das gilt insbesondere für die elegante „Sheriff Star"-Nabe, die auch in einer Ausführung für die Bahn gefertigt wurde (und bei Ebay inzwischen Höchstpreise erzielt).

Campagnolo erkannte bald, dass Shimano auf dem richtigen Weg war, und brachte die erste eigene 8-fach-Kassettennabe auf den Markt. Diese war nicht ganz so ausgereift wie das Pendant von Shimano und zunächst noch relativ schwer und klobig. Also wurden nach und nach einige Modifikationen vorgenommen, um den Abstand auf die Konkurrenz zu verringern.

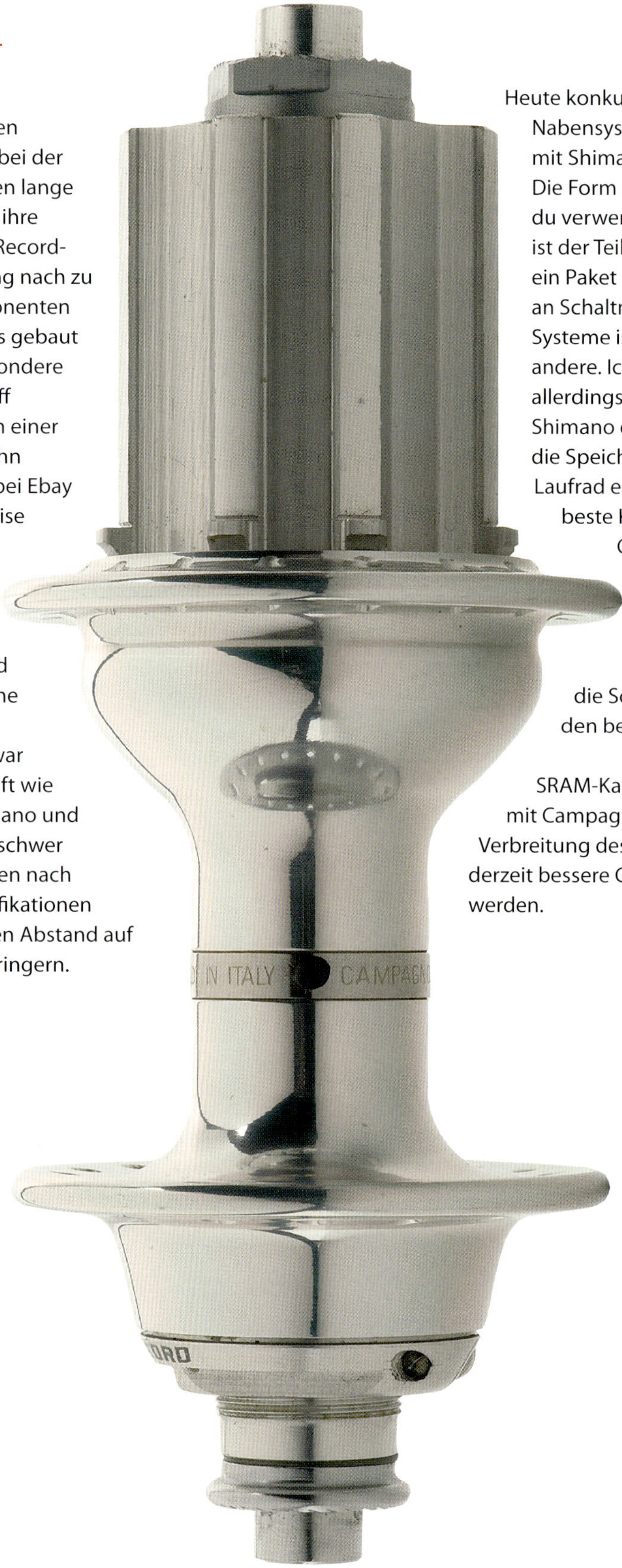

Heute konkurrieren zwei unterschiedliche Nabensysteme, deren Kassettenkörper entweder mit Shimano oder mit Campagnolo kompatibel sind. Die Form der Nuten gibt vor, welches Schaltsystem du verwendest. Die ungestützte Seite der Nabe ist der Teil, auf dem die Kassette aufgesetzt wird, ein Paket aus bis zu elf Ritzeln, das eine Vielzahl an Schaltmöglichkeiten bietet. Keines der beiden Systeme ist wirklich besser oder schlechter als das andere. Ich persönlich habe keinen Favoriten, muss allerdings sagen, dass die Dura-Ace-Naben von Shimano exzellente Lager besitzen, und wenngleich die Speichenlöcher recht klein sind, ist das fertige Laufrad eine Wucht. Die meiner Meinung nach beste Kassettennabe war aber die Record aus Campagnolos allererster 10-fach-Gruppe. Die silbern eloxierten Naben hatten voll justierbare und austauschbare Lager, inklusive der charakteristischen Schmierlöcher und Abdeckungen. Auch die Schnellspanner jener Generation zählen zu den besten, die sie jemals gemacht haben.

SRAM-Kassetten können mit Shimano-, nicht aber mit Campagnolo-Naben verwendet werden, was zur Verbreitung des Shimano-Systems beigetragen hat, das derzeit bessere Chancen besitzt, zum Industriestandard zu werden.

Rechts: Kassettennabe Campagnolo C Record.
Ganz rechts: Vorderrad-Bahnnabe von Campagnolo.

Naben von Phil Wood und Royce

Viele Hersteller erstklassiger Naben verwenden Industrielager statt der Konuskugellager, wie sie bei Campagnolo und Shimano zum Einsatz kommen. Einige der besten Beispiele finden sich im Sortiment von Phil Wood und Royce.

Das Schöne an diesen Naben ist, dass sie aus weniger Komponenten bestehen und weniger Justierungen und Wartung erfordern als herkömmliche Konuskugellager. Nachdem die Lager in die Nabe eingepresst wurden, wird die Achse in die Lager gedrückt und das Ganze mit einer Kopfmutter fixiert. Das Ergebnis ist ein Laufrad, das sich sofort perfekt dreht, denn anders als bei Naben mit beweglichen Lagern, bei denen sich Probleme mit schlecht justierten Kopfmuttern und Konen ergeben können, besteht kaum die Gefahr eines zu festen Anziehens.

Für die Naben wird ein problemlos verfügbares Industrielager verwendet. Dabei handelt es sich um eine vorgefertigte Einheit, bei der die Lager in eine Patrone aus gehärtetem Stahl eingesetzt, gefettet und mit einer Plastik- oder Labyrinthdichtung „versiegelt" werden (wenn auch nicht vollständig wasserdicht). Die ganze Einheit ist dann in den Naben- oder Kassettenkörper einzupressen. Heutzutage sind solche Lager zum Teil mit Teflon versiegelt, um sie noch besser vor der Witterung zu schützen. Wer meint, noch mehr Gewicht sparen zu müssen, kann die Stahlschalen auf Wunsch durch Vollkeramik-Lager ersetzen.

Trotz der Vorteile der Patronenlagernaben solltest du stets bedenken, dass sie immer nur so gut sind wie die Qualität der eingesetzten Lager und die Verarbeitung des Nabenkörpers. Es lohnt sich durchaus, etwas mehr zu investieren, denn hochwertige Industrielager halten in der Regel bedeutend länger als billige.

Oben: Vorderrad-Bahnnabe von Phil Wood.
Rechts: Kassettennabe von Royce.

Reifen

So wie du einen Lieblingssattel, Lieblingsschuhe und ein Lieblingslenkerband hast, gibt es sicher auch einen Rennreifen, den du besonders schätzt. Der Markt ist zum Glück heiß umkämpft, und es gibt zahlreiche Hersteller, die einen Haufen toller Produkte anbieten. Du hast also die Qual der Wahl.

Drahtreifen
Draht- bzw. Clincher-Reifen haben sich in den letzten Jahren stark verbessert und sind wesentlich leichter und unkomplizierter geworden. Es gibt sie in verschiedenen Größen, Formen und Maßen, und jeder Hersteller hat sein eigenes Design.

Welche Reifen du verwendest, hängt davon ab, wo du lebst und fährst. Handgefertigte Reifen mit Diamantprofil und superdünnen Seitenwänden sind eine Wonne auf sommerlichen Straßen, für den Winter aber eher ungeeignet. Eine wichtige Rolle bei der Wahl der Reifen spielt auch die Gummimischung, die sich ebenfalls von Hersteller zu Hersteller unterscheidet und bestimmt, wie widerstandsfähig ein Reifen ist und wie viel Grip er bei bestimmten Bedingungen bietet.

Ich staune immer wieder, wie viele Fahrer ein Vermögen für hochwertige Laufräder ausgeben und dann Billigreifen aufziehen. Nichts beeinträchtigt die Leistung des Laufrads so sehr wie ein Paar Reifen mit starren Seitenwänden und schwerem Wulst. Geschmeidige Reifen sorgen für ein viel besseres Handling – achte also darauf, mit hochwertigen Laufrädern auch die entsprechenden Reifen zu benutzen.

Ein Freund von mir sagte einmal, dass 90 Prozent aller Reifendefekte in den letzten 10 Prozent der Lebensdauer eines Reifens auftreten. Damit hat er wohl recht; das Problem besteht nur darin, zu bestimmen, wann dieser Abschnitt angebrochen ist. In der Regel kommt es eher bei Nässe zu Reifenschäden, insbesondere nach einer Trockenperiode, denn dann liegt mehr Schotter herum, der auf die Straße gespült wird. Ich gehe davon aus, mit einem Satz Rennreifen bei normalen Bedingungen etwa 3.000 bis 5.000 km fahren zu können.

Manche Fahrer wechseln erst dann ihre Reifen, wenn die alten vollkommen hinüber sind. Solche Leute lassen dich nicht nur bei Gruppenausfahrten ständig warten, weil sie mal wieder einen Reifen flicken müssen, sie gefährden auch noch sich und andere. Denke also daran, regelmäßig neue Reifen aufzuziehen.

Von links nach rechts: Drei rennerprobte Reifen – Continental Grand Prix, Vredestein Fortezza Schlauchreifen und Michelin Pro Race 3.

VREDESTEIN handmade FORTEZZA PRO TriComp
SIZE 23-28"
MAX 11 BAR (160 PSI)
MICHELIN
PRO3 Race

Schmale oder breite Reifen?

Größe, Gewicht und Fahrstil haben Einfluss auf die Wahl der Reifen. Leichtere Fahrer können schmale Reifen mit hohem Luftdruck fahren, was für schwere Fahrer eher unbequem wäre. Geringerer Druck bedeutet mehr Grip, macht den Reifen aber auch anfälliger für Durchschlag. Auf warmen, glatten Straßen, auf denen die Reifen generell weniger beansprucht werden, fühlen sich sehr leichte Rennreifen mit hohem Druck fantastisch an. Bei Nässe ist aber bessere Haftung gefragt. Das erreicht man, indem man breitere Reifen verwendet und den Druck verringert.

Über die Aerodynamik und Beschleunigung mit breiteren Reifen gibt es zahlreiche Theorien; auf langen Fahrten ist der Komfort aber viel wichtiger (und auch wesentlich schwieriger zu gewährleisten). Breitere Reifen bedeuten zudem etwas mehr Gesamthöhe, wodurch mehr Pedalspiel für schnelle Kurvenfahrten gegeben ist. Breitere Reifen bieten insgesamt besseren Fahrkomfort, weswegen die Hersteller inzwischen mehr 24mm- und 25mm-Rennreifen für den Straßengebrauch produzieren.

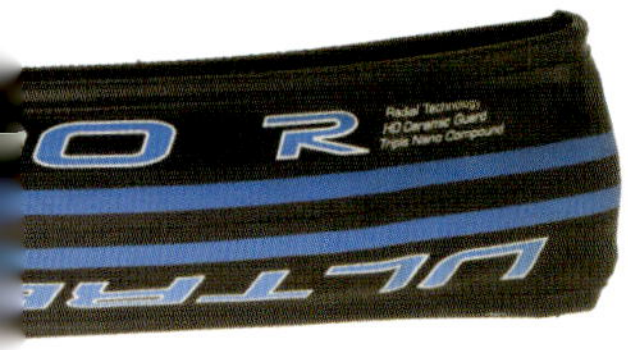

Obwohl auch im Profibereich bisweilen breitere Reifen zum Einsatz kommen, verwenden die meisten Berufsrennfahrer nach wie vor schmale 22mm-Schlauchreifen, auch wegen des etwas geringeren Luftwiderstands. Profis müssen viel schneller fahren als Amateure, sodass sie versuchen, jeden erdenklichen Vorteil herauszuholen, und sei er noch so klein. Außerdem beherrschen sie ihr Rad wesentlich besser als durchschnittliche Hobbyfahrer und wiegen im Allgemeinen auch deutlich weniger, also können sie schmalere Reifen mit höherem Luftdruck fahren.

Rollwiderstand

Wenn du den Stundenweltrekord auf der Bahn brechen möchtest, solltest du keine 28mm-Tourenradreifen mit 4 Bar verwenden, und wenn du Paris–Roubaix gewinnen willst, sind 19mm-Bahnreifen mit 14 Bar keine gute Wahl. So weit, so klar. Ganz so einfach ist es aber nicht.

Bei gleichem Luftdruck laufen breite Reifen leichter, aber schmale Reifen können in der Regel härter aufgepumpt werden, weil sich die Karkasse weniger verformt. Schmale Reifen haben außerdem bei hohen Geschwindigkeiten

VENTILVERLÄNGERUNGEN

Manche Felgen sind so hoch, dass die Länge eines normalen Ventils nicht ausreicht, um ein Aufpumpen des Reifens zu ermöglichen. Daher werden inzwischen alle Schläuche

für Drahtreifen wahlweise auch mit längerem Ventil angeboten. Prestaventile sind in den Standardgrößen 36 und 40 mm und für Hochprofilfelgen bis zu einer Länge von 60 mm erhältlich. Bei noch höheren Felgen besteht – zumindest in manchen Fällen – die Möglichkeit, den Ventileinsatz zu entfernen und eine Verlängerung einzusetzen. Noch einfacher ist es, ein Verlängerungsrohr auf das Standardventil aufzusetzen und dieses einfach permanent offen zu lassen. Schlauchreifen haben normalerweise einen kurzen Ventilschaft, den man am besten durch eine Verlängerung ersetzt, wenn man Hochprofilfelgen verwendet. Bei den meisten guten Laufradsätzen werden die passenden Verlängerungen gleich mitgeliefert.

Links von oben nach unten: Verschiedene Reifen, die Komfort, Performance und Langlebigkeit vereinen. Der Continental 4 Seasons bietet Pannenschutz und ist mit 28 mm komfortabler als ein reiner Rennreifen. Der Schwalbe Ultremo ist schnell und geschmeidig. Der Deda Tre Corsa RS ist ein Rennreifen im besten Sinne – fahre ihn mit 8 Bar und du wirst fliegen.

Vorteile, da sie weniger Stirnfläche bieten und somit weniger Luftwiderstand. Der Preis der besseren Aerodynamik ist der geringere Komfort. Der Fahrer wird ordentlich durchgeschüttelt, was ihn auf Dauer ermüdet und langsamer macht.

Unter Belastung flachen sich Reifen leicht ab. Diese Verformung des Reifens erzeugt eine ebene Aufstandsfläche. Bei gleichem Luftdruck haben breite und schmale Reifen eine gleich große Aufstandsfläche. Während sich ein breiter Reifen eher in der Breite abflacht, ergibt sich beim dünneren Reifen eine schmale, dafür aber längere Aufstandsfläche. Aufgrund dessen kann ein breiterer, komfortablerer Reifen mit weniger Luftdruck gefahren werden und dennoch einen ähnlichen Rollwiderstand aufweisen wie ein schmalerer, härterer Reifen. Das klingt verwirrend und scheint dem „logischen" Denken zu widersprechen. Der Reifenhersteller Schwalbe hat dazu zahlreiche Untersuchungen durchgeführt und erklärt das Prinzip des Rollwiderstands recht anschaulich: „Den platt gedrückten Bereich kann man als ein Gegengewicht zur Reifenrotation betrachten. Aufgrund der größeren Abflachung wird der Reifen ‚unrunder' und beim Abrollen stärker verformt. Bei einem breiteren Reifen ist die Abflachung in Laufrichtung aber geringer, der Reifen bleibt daher ‚runder' und rollt besser."

Schläuche

Ein Standardschlauch aus Butyl ist zuverlässig und relativ leicht. Latexschläuche sind flexibler als Butylschläuche und scheinen zudem besser zu rollen und zu beschleunigen. Sie sind außerdem elastischer und pannensicherer, dafür aber nicht ganz billig und weniger luftdicht als Butylschläuche, sodass sie häufiger nachgepumpt werden müssen.

Rechts: Butylschläuche sind der Standard und werden von der Mehrheit der Fahrer verwendet.

Schlauchreifen

Rennrad-Drahtreifen mögen noch so gut sein, die Fahreigenschaften von Schlauchreifen sind aber einfach nicht zu toppen. Sie haben im Radsport eine lange Tradition und werden seit mehr als hundert Jahren verwendet. Der Aufbau ist simpel: Der Schlauch wird in eine Baumwollkarkasse eingenäht, dann wird das Ganze mit Reifenkitt auf der Felge fixiert. Wartung und Austausch sind zwar ziemlich aufwendig, dafür bieten Schlauchreifen konkurrenzlose Fahreigenschaften. Für teure Produkte wird bisweilen Seide in der Karkasse verwendet, um eine geschmeidige Fahrt zu gewährleisten, ohne zusätzliches Gewicht zu benötigen.

Anders als Drahtreifen können Schlauchreifen mit bis zu 14 Bar aufgepumpt und gefahren werden, da der Schlauch in die Karkasse genäht wird. Drahtreifen hingegen drohen bei mehr als 10 Bar von der Felge zu platzen und beginnen sich bereits bei 9 Bar zu verformen. Auf der Straße wird aber nur selten mit so hohem Druck gefahren. Auf jeden Fall ist es problematisch, am Straßenrand einen Schlauchreifen zu wechseln, weswegen die meisten Hobbyfahrer inzwischen Drahtreifen verwenden.

Das Aufkommen von Hochprofilfelgen und ultraleichten Carbonrahmen hat den Schlauchreifen in den letzten Jahren eine Renaissance beschert, denn es ist gar nicht so einfach, aus Carbon anständige Drahtreifenfelgen herzustellen. Profis verwenden grundsätzlich Schlauchreifen, die schneller und komfortabler sind und bei Nässe eine bessere Bodenhaftung bieten. Zudem rutschen sie im Falle einer Panne nicht von der Felge, sodass der Fahrer das Rad weiterhin kontrollieren kann.

Greg LeMond gewann die Straßen-WM einmal mit einem „halbplatten" Schlauchreifen, was mit Drahtreifen völlig unmöglich gewesen wäre. Bei nicht ausreichendem Luftdruck schlingern Drahtreifen und können von der Felge rutschen, was meistens hässliche Stürze und ruinierte Felgen zur Folge hat. Weil es kein Felgenhorn gibt, gegen das sie gequetscht werden könnten, ist bei Schlauchreifen auch die Durchschlagsgefahr deutlich geringer. Und schließlich besteht bei Schlauchreifen anders als bei Drahtreifen nicht das Risiko, dass sie an Speichenlöchern hängen bleiben, denn sie werden von der Karkasse umschlossen und geschützt.

Der große Nachteil der Schlauchreifen ist, dass sie sorgfältig auf die Felge geklebt werden müssen. Während Profis ein Materialwagen mit reichlich Ersatzreifen zur Verfügung steht, droht Hobbyfahrern im Falle eines Defekts oft ein langer Spaziergang nach Hause. Ein ziemlich guter Grund, Drahtreifen zu verwenden.

Rechte Seite: Schlauchreifen bieten die besten Fahreigenschaften, haben aber ihren Preis.

REIFENKITT

Jeder Mechaniker der Profiteams hat seinen persönlichen Lieblingsreifenkitt. Manche Felgenhersteller bieten auch einen Spezialkleber für ihre Produkte an, halte dich im Zweifel am besten daran. Kleber von Continental ist zuverlässig, dauerhaft und leicht anzuwenden, da er schnell und sauber trocknet. Für manche Carbonfelgen wird ein spezieller Reifenkitt empfohlen, verwende also gegebenenfalls diesen. Continental stellt auch speziellen Kitt für Alu- und Carbonfelgen her.

Continental
COMPETITION

Bahn

Bahnrennen schreien geradezu nach Schlauchreifen. Besonders verbreitet sind extrem leichte Produkte mit Seidenkarkassen. Die bevorzugten Reifen der Spitzenfahrer sind kostspielig und halten nur wenige Rennen. Im Training lassen sich auch Drahtreifen fahren. Diese werden häufiger auf Beton- und Freiluftbahnen eingesetzt.

Schlauchreifen:
Dugast Pista Silk und Continental Sonderklasse oder Tempo.

Drahtreifen:
Deda Tre RS.

Zeitfahren

Für Zeitfahren sind exzellente Rolleigenschaften gefragt, während Haftung und Beschleunigung nur eine untergeordnete Rolle spielen. Häufig werden Slicks verwendet, und aufgrund der Beschaffenheit aerodynamischer Laufradsätze (Hochprofilfelgen und Scheibenräder) sind Schlauchreifen die gängige Wahl bei Zeitfahren. Meiner Erfahrung nach sind schmale Schlauchreifen nicht immer schneller als der 22mm-Standard, vor allem weil sie für eine ziemlich unsanfte Fahrt sorgen.

Schlauchreifen:
Continental Podium, Vittoria Crono, Schwalbe Ultremo.

Drahtreifen:
Deda Tre RS Corsa oder Continental Grand Prix Supersonic.

Cyclocross

Die richtige Reifenwahl für Querfeldeinrennen ist ein Thema, über das sich ohne weiteres ein ganzes Buch schreiben ließe. Welchen Reifen du verwendest, hat erheblichen Einfluss auf das Handling des Rads. Breitere Reifen sind für den Offroad-Gebrauch in jedem Fall sinnvoller, sodass in der Regel 35mm- oder 38mm-Reifen gefahren werden. Große Unterschiede gibt es hinsichtlich der Profilierung, denn natürlich erfordert Sand ein ganz anderes Profil als z.B. Morast. Falls nötig schneiden die Mechaniker sogar direkt beim Rennen am Reifen herum, um ein bestimmtes Profil zu erhalten. Normalerweise solltest du mit einem Reifendruck von 3,5 bis 5 Bar fahren – etwas mehr, falls die Strecke steinig und trocken ist. Hochprofil-Carbonfelgen sind bei Querfeldeinfahrern sehr verbreitet, entsprechend kommen vorwiegend Schlauchreifen zum Einsatz.

Schlauchreifen:
Dugast Typhoon oder Rhino, Vittoria Cross Evo oder Continental Cyclocross World Cup.

Drahtreifen:
Schwalbe CX Pro Cyclocross oder Continental Cyclocross.

Kopfsteinpflaster

Auf Kopfsteinpflaster sind etwas weichere Reifen gefragt. Drahtreifen sind für solche Straßen nicht besonders gut geeignet. Wenn es nicht anders geht, wähle am besten 25mm- oder sogar 28mm-Reifen. Bei einem Rennen wie Paris–Roubaix verwenden die Profis spezielle Pavé-Reifen. Häufig bestellen die Fahrer bei kleinen Herstellern wie Dugast oder FBM besondere Reifen mit speziellen Profilen und Karkassen, die größer und robuster sind als normale Straßenschlauchreifen.

Schlauchreifen:
Dugast Paris Roubaix, Continental Competition 25mm oder Vittoria Pavé.

Drahtreifen:
Schwalbe Ultremo 25mm oder Continental GP 4000 25mm.

Straße

Die meisten Fahrer bevorzugen Reifen, die bei jedem Wetter gleichbleibende Performance bieten. Achte bei Wettkampfreifen eher auf Grip und Geschwindigkeit als auf Langlebigkeit. Verwende im Training einen schnellen Drahtreifen und halte dich wenn möglich immer an die gleiche Marke. Mit der Zeit bekommst du ein Gefühl dafür, wie sich der Reifen bei unterschiedlichen Bedingungen verhält und wie sehr du ihn in bestimmten Rennsituationen beanspruchen kannst.

Schlauchreifen:
Vittoria CX, Deda Elementi Olympico, Continental Sprinter oder Competition.

Drahtreifen:
Michelin Pro Race 3, Continental Grand Prix, Vittoria Open Corsa Evo-CX und Schwalbe Ultremo.

Clément
CRITERIUM SETA
CLÉMENT
CRITERIUM SETA
COLLE MAIN
MUNDIAL '82
PISTA CS
SETA

Felgen

Bei der Wahl der Felgen musst du dir zunächst überlegen, welche Art von Laufrädern du haben möchtest. Laufradbauer tendieren eher zu flachen Kastenfelgen statt zur aerodynamischeren Hochprofilvariante, weil sie eine gute Mischung aus geringem Gewicht und Fahrqualität gewährleisten. Hochprofilfelgen weisen generell weniger Speichen auf, um Gewicht einzusparen und der Felge etwas mehr radialen Komfort zu verleihen. Daher ist ein handgefertigtes Hochprofil-Laufrad mit vielen Speichen nicht besonders zweckmäßig. Jeder Laufradbauer hat seine Vorlieben, und du solltest auf seinen Rat hören, denn er kann das Laufrad auf deine individuellen Bedürfnisse und dein Budget abstimmen. Eine gute, weil wesentlich stabilere Wahl sind in jedem Fall doppelt geöste Felgen. Je nach Hersteller bestehen die Ösen entweder aus Aluminium oder Edelstahl.

Rennradfelgen benötigen eine akkurate und glatte Bremsfläche. Felgenbremsen haben sich wesentlich verbessert, seitdem die Hersteller erkannten, dass die eloxierte Schutzschicht, mit der früher die gesamte Felge und damit auch die Bremsfläche überzogen wurde, sich erst nach einer Weile abnutzte. Bei Nässe bot die Felgenflanke der Bremse dadurch so gut wie gar keinen Halt – die Bremsklötze rutschten schlichtweg von der Oberfläche. Die Felgen mussten also erst eingefahren werden, um die harteloxierte Schicht abzutragen und zum weicheren Aluminium durchzustoßen, das für die nötige Reibung sorgte.

Drahtreifenfelgen weisen einen etwas komplizierteren Querschnitt auf. Ohne Zweifel sind Drahtreifen einfacher zu verwenden (siehe auch „Reifen", Seite 86), aber die zugehörigen Felgen sind wesentlich härter als jene für Schlauchreifen und längst nicht so stabil. Die ersten Drahtreifenfelgen waren am Stoß – dem Punkt, an dem die beiden Enden des zur Felge gebogenen Rings sich verbinden – schlecht gefügt und wurden entweder geklebt oder durch Stifte zusammengehalten.

Von links nach rechts: Schlauchreifenfelge Mavic Reflex, Drahtreifenfelge Mavic Open Pro, Drahtreifenfelge Ambrosio Excellight, Schlauchreifenfelge Ambrosio Nemesis und Drahtreifenfelge DT RR1.1.

ambrosio
DT SWISS
RR 1.1
pend. 100% swiss made

Dadurch ergab sich ein kleiner Überstand auf der Bremsfläche, der ein ziemlich nerviges Geräusch verursachte. Schlimmer noch: Die Bremsen konnten komplett versagen. Heutige Drahtreifenfelgen weisen gegenüber ihren Vorgängern und im Vergleich zu Schlauchreifenfelgen zumeist ein höheres Profil auf. Zudem sind sie verschweißt, um eine stabile Verbindung zu gewährleisten.

Die simpelste Felgenform ist die Schlauchreifenfelge mit Kastenprofil. Die Ösen sind in die Felge eingelassen und auf der Außenseite verankert. Daraus ergibt sich eine Felge, die stabiler und elastischer ist als die Drahtreifenvariante. Solche Felgen werden in der Regel auch bei den Frühjahrsklassikern in Frankreich und Belgien benutzt – nicht nur, weil die Fahrer die Zuverlässigkeit und den Komfort schätzen, sondern auch, weil sie bei der Fahrt über Steine und Schlaglöcher ein wenig „nachgeben" und die Schläge etwas dämpfen. In Verbindung mit breiten, schweren Schlauchreifen ist dadurch auch die Gefahr eines Defekts geringer. Nur sehr wenige Teams verwenden Hochprofilfelgen, weil diese mehr Stöße auf den Lenker übertragen. U.a. deswegen bevorzuge ich für lange Trainingsfahrten und etwas holprigere Straßen ein handgefertigtes, dreifach gekreuztes 32-Speichen-Laufrad (egal ob mit Schlauch- oder Drahtreifenfelge), denn es gewährleistet eine komfortablere Fahrt als die meisten Komplettlaufradsätze und ist wesentlich pflegeleichter.

„Für lange Trainingsfahrten und etwas holprigere Straßen bevorzuge ich ein handgefertigtes, dreifach gekreuztes 32-Speichen-Laufrad."

Der italienische Hersteller Ambrosio stellt herrliche Felgen sowohl für Schlauchreifen als auch für Drahtreifen her. Ambrosios Schlauchreifenfelgen, die enorm zuverlässig sind und ein sehr stabiles Laufrad ergeben, verwende ich bereits seit vielen Jahren. Ich finde außerdem, dass das Fahrgefühl besser ist als bei den Excellence- oder Excellight-SSC-Drahtreifenfelgen. Die Ambrosio Nemesis ist nach wie vor eine der meist verwendeten Schlauchreifenfelgen bei den Pavé-Klassikern. Obwohl sie volleloxiert ist, hat die Felge eine einwandfreie Bremsfläche und ist dabei stabil und ziemlich leicht. Ambrosio produziert auch noch immer die Montreal-Schlauchreifenfelge, die in den 1980er und 1990er Jahren von vielen Profiteams eingesetzt wurde. Die Bremsfläche lässt zwar zu wünschen übrig, für Bahn- und Retro-Räder ist diese Felge aber gut geeignet. Alle hochwertigen Ambrosio-Felgen werden mittels einer beschwerten Kappe über der Ventilöffnung, die als Gegengewicht zum Felgenstoß fungiert, ausgewuchtet. Edelstahl-Doppelösen, Harteloxierung und gravierte Schriftzüge sorgen dafür, dass diese Felgen auf Dauer blendend aussehen.

Die traditionsreiche Firma Mavic war einer der Vorreiter bei der Entwicklung von Aluminiumfelgen. Mavic-Felgen sind stets gut gearbeitet und haben hervorragende, auf die Flanke gefräste Bremsflächen. Mavics Reflex-Schlauchreifenfelge mit charakteristischem SUP-Felgenstoß, UB-Bremsflanke und Doppelösen ist erstklassig. Eine der vielen tollen Neuerungen, die Mavic eingeführt hat, ist die Open Pro SUP, der unter Laufradbauern eine der beliebtesten Felgen ist.

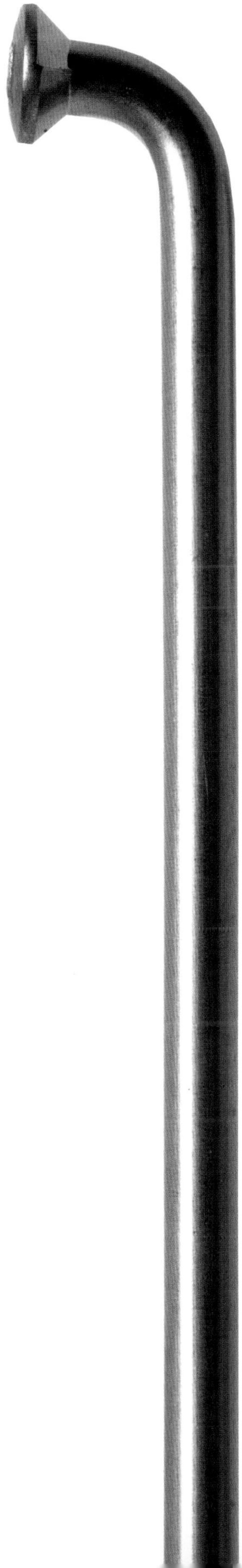

Speichen
Doppeldickendspeichen galten einst als ziemlich exotisch, sind inzwischen aber die Norm. Früher waren Speichen verchromt, damit das Rad ein bisschen mehr glänzte, doch sie waren auch recht brüchig und rostanfällig. Die Hersteller brachten immer wieder Neuerungen auf den Markt und experimentierten mit Aluminium, Titan und sogar Carbon, letztlich wurde aber von den Laufradbauern alles wieder verworfen, denn aufgrund seiner Stabilität, Flexibilität und Korrosionsbeständigkeit ist und bleibt Edelstahl das am besten geeignete Material.

Die Firma DT Swiss stellt mit die besten Speichen her, die zu haben sind. Sehr empfehlenswert sind auch die Fabrikate des belgischen Herstellers Sapim, vor allem die ultraleichte CX Ray. Aerospeichen werden für einige fertige Aero-Laufradsätze verbaut, für handgefertige Räder sind sie für meinen Geschmack aber etwas zu teuer. Deswegen benutze ich stets Edelstahl-Doppeldickendspeichen von DT, denn die sind leicht, stabil und stets absolut zuverlässig. Ich verwende in der Regel Messingnippel, Aluminiumnippel hingegen – wenn überhaupt – nur am Vorderrad. Am Hinterrad können Alunippel unter Spannung leicht brechen, und sofern man sie auf einem Winterrad belässt, korrodieren sie in die Speichenlöcher und sind dann unmöglich noch präzise zu zentrieren.

Links und rechts: Edelstahlspeiche und Messingnippel.

Systemlaufräder

Systemlaufräder, die vom Hersteller als komplett vorgefertigtes Bauteil geliefert werden, sind seit gut einem Jahrzehnt fester Bestandteil im Profizirkus. Die ersten erfolgreichen Produkte in diesem Marktsegment wurden von Campagnolo hergestellt. Der Shamal-Laufradsatz mit Hochprofil-Aluminiumfelgen wurde vor 15 Jahren vorgestellt und von Miguel Indurain bei seinem Toursieg 1994 auf den Flachetappen eingesetzt. Im Laufe der Neunziger tauchte eine Vielzahl mehr oder weniger brauchbarer Systemlaufräder auf, darunter sogar Vollcarbonvarianten des amerikanischen Herstellers Spinergy. Carbonscheibenräder und Trispokes wurden bei Zeitfahren und auf der Bahn verwendet, standen aber niemals für die Straße zur Debatte, wo Fahrkomfort und Gewicht eine größere Rolle spielten als die Aerodynamik. Es dauerte eine Weile, bis sich Systemlaufräder bei den anspruchsvollen Profis durchsetzten, denn in den Bergen stellte sich das Gewicht als Problem heraus und sie konnten es in puncto Langlebigkeit einfach nicht mit gut gearbeiteten, handgefertigten Laufrädern aufnehmen – manche Leute meinen, sie können es bis heute nicht. Die frühen Versionen der Systemlaufräder waren recht schwer und die Vorteile in der Performance nur gering. Hinzu kam, dass sie zum Teil eine geringere Seitenstabilität aufwiesen, und Fabrikate mit schlecht designten Felgen und zu vielen Speichen ließen hinsichtlich des Fahrkomforts einiges zu wünschen übrig.

1995 wurde der Radsport von der Nachricht überrascht, dass sich der französische Komponentenhersteller Mavic fortan vor allem auf die Entwicklung von Laufradsätzen konzentrieren würde. Während Campagnolo und Shimano an Schalthebeln tüftelten, arbeitete Mavic an einigen bahnbrechenden Laufradneuerungen. Sie verbesserten ihre Felgen (die nun einen gefrästen und geschweißten Stoß hatten) und brachten ihren ersten kompletten Laufradsatz heraus, den Cosmic. Er war immer noch ziemlich schwer, aber dank der revolutionären Straightpull-Speichen konnten die Naben neu gestaltet werden, und der Speichenbogen entfiel. Mavic hatte erkannt, dass weniger Speichen in einem nach traditionellem Muster handgefertigten Laufrad zwangsläufig eine höhere Speichenspannung erforderten, was insbesondere am Speichenbogen die Gefahr von Brüchen erhöhte. Die neuartige gerade Speiche von Mavic ermöglichte höhere Spannung bei geringerer Bruchgefahr. Zudem konnte eine breitere Aerospeiche entwickelt werden, die nun nicht mehr durch das winzige Loch in der Nabe, das ebenfalls neu konzipiert wurde, eingezogen werden musste. Infolgedessen rollte der Mavic Cosmic sehr gut und sah auch prima aus; die Gewichtsersparnis der Alu-Hochprofilfelge war aber insgesamt nur gering.

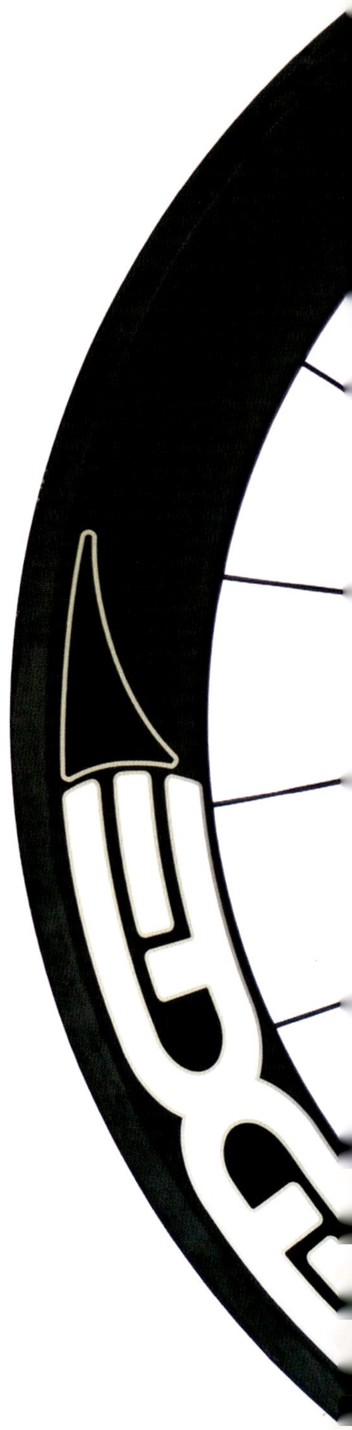

Rechts: Edge Composites Laufräder – wer sie in Händen hält, ist verblüfft, wie wenig sie wiegen.

EDGE
EDGE

Ende der 1990er brachte Mavic den Helium heraus, einen der ersten echten Leichtbau-Laufradsätze. Er wog nur rund 1.500 g und wurde von den Profis vor allem bei Bergetappen gerne eingesetzt. Das Problem war die Langlebigkeit: Wer mehr als 80 kg wog, konnte sich darauf einstellen, von einem Paar nicht allzu lange etwas zu haben. Wegen der standardmäßigen Schlauchreifenfelge taugte der Mavic Helium außerdem nur für Wettkämpfe und für jene Fahrer, die es gewohnt waren, Schlauchreifen zu präparieren und zu kleben.

Um die Jahrhundertwende konnten sich Radsportler darüber freuen, dass sich die Drahtreifen so weit verbessert hatten, dass sie für Amateure und Hobbyfahrer eine echte, erschwingliche Alternative darstellten. Aufgrund ihrer Form war es aber schwierig, Drahtreifenfelgen aus Carbon herzustellen. Einstweilen blieb also Aluminium das bevorzugte, allerdings etwas schwerere Felgenmaterial. Die Laufradhersteller fingen an, immer weniger Speichen zu verbauen, um Gewicht zu sparen, was aber zulasten der Struktur ging und Probleme beim Zentrieren der Laufräder verursachte. Also musste eine Felge her, die mehr Speichen verwendete, aber weniger wog.

Das 1997 vorgestellte Cosmic Carbone von Mavic war eines der ersten leichten Systemlaufräder mit Hochprofil-Carbonfelge, das sich relativ gut fahren ließ. Die Felge selbst war im Wesentlichen eine Art Verkleidung um eine Standardfelge herum, an der die Speichen befestigt waren. Zur damaligen Zeit waren die meisten Hersteller einfach nicht in der Lage, eine Hochprofilfelge mit der Stabilität einer klassischen Felge zu produzieren. Mavics großer Wurf im Amateurbereich war der Ksyrium-Laufradsatz, der stabilere und leichtere Alufelgen mit dickeren (und deshalb auch weniger) Speichen verwendete. Zwar ließ die Langlebigkeit nach wie vor zu wünschen übrig, dennoch bedeutete der Ksyrium einen erheblichen Fortschritt gegenüber früheren Versuchen.

Das große Problem der Laufräder war schon immer die Anfälligkeit der Speichen. Die Hersteller haben einiges unternommen, um die Konstruktion stabiler zu gestalten und die von Mavic erkannten Schwachstellen zu beheben. Campagnolo übernahm vieles von dem, was Mavic mit dem Cosmic erreicht hatte, und konzipierte die Speichennippel neu, um auch bei höherer Spannung einen festeren Halt zu gewährleisten. Konkave Unterlegscheiben und ein gewölbter Kopf ermöglichten eine perfekte Einpassung in die Felge und sorgten für einen elastischeren Sitz der Speichen. Mit dem Neutron brachte Campagnolo einen wirklich ausgezeichneten Systemlaufradsatz auf den Markt.

Obwohl die meisten Hersteller inzwischen verschiedenste Formen von Carbonfelgen perfektioniert haben, die weniger Speichen benötigen und höhere Spannungen vertragen, tun sie sich weiterhin schwer damit, eine zuverlässige Lösung für Drahtreifen zu produzieren. Verbesserte Bremsgummis ermöglichen heute auch bei Nässe zuverlässiges und sicheres Bremsen. In der Frage, wie vertrauenswürdig und effektiv Carbonbremsflächen sein können, gehen die Ansichten jedoch auseinander. Manche Leute meinen, dass die Zahl der Stürze bei Nässe zugenommen hätte, seitdem Profis Carbonfelgen verwenden. Das könnte aber auch damit zu tun haben, dass im Profibereich immer höhere Geschwindigkeiten gefahren werden und es im Fahrerfeld immer enger zugeht. Fakt ist, dass Bremsen an Aluminiumfelgen weiterhin wesentlich verlässlicher arbeiten als an Carbonfelgen.

Die meisten Profiteams haben mittlerweile Systemlaufräder mit Hochprofil-Carbonfelgen in ihrem Arsenal. Diese bieten nicht nur aerodynamische Vorteile, sondern sind auch leichter als Standardlaufräder und scheinen auf langen, flachen Strecken besser zu rollen. Die neuesten Modelle beschleunigen zudem unglaublich schnell und eignen sich auch fürs Klettern und Sprinten. Die meisten Laufradhersteller (Zipp, Shimano, Campagnolo, Fulcrum, Easton, FSA, HED, Bontrager, Rolf, Reynolds etc.) führen daher inzwischen mehrere alternative Paare im Sortiment. Die Modelle sind zwar teuer, aber mittlerweile können die Speichen sicher an der Felgenkante fixiert werden, wodurch sich die Fahreigenschaften verbessern, das Laufrad länger hält und Gewicht eingespart wird.

Vielleicht liegt es an den gehobenen Ansprüchen der Kunden, dass Systemlaufräder inzwischen eine so große Rolle in der Branche spielen. Anders als ein Rahmen, der normalerweise viele Jahre hält, haben Laufräder eine gewisse Halbwertzeit, sodass ein Rennrad in der Regel mehrere Sätze überdauert. In jedem Fall hat das Aufkommen der Systemlaufräder dazu beigetragen, die Leistungsentwicklung auf bestimmten Anwendungsgebieten zu erleichtern. Statt minimaler Veränderungen am Standardlaufrad sind echte Innovationen möglich geworden. Moderne Systemlaufräder sind vor allem auf Performance ausgelegt und weniger für das Training im Regen oder Ausfahrten durchs Gelände geeignet. Wähle also mit Bedacht aus und hebe dir deine Carbonlaufräder lieber für den Sommer auf.

Rechte Seite: Mavic hat eine sehr spezielle Konfiguration von Felge, Nabe und Speiche entwickelt.

MAVIC
SSC

Mavic

Unter dem Label SSC (Special Services Courses) fasst Mavic jene Produkte zusammen, die von Profiteams eingesetzt werden. Das aktuelle Sortiment an Mavic-Laufrädern stellt den derzeitigen Maßstab im Hochleistungsbereich dar. Schon seit Jahrzehnten fahren die Mavic-Mechaniker bei zahlreichen Rennen in ihren gelben Autos dem Peloton hinterher, um den Profis neutrale Materialunterstützung anzubieten und beschädigte oder geplatzte Reifen zu wechseln. Ein Engagement, von dem auch das Unternehmen enorm profitiert, das sich zu einem der führenden Hersteller von Systemlaufrädern gemausert hat, seitdem man 1995 beschloss, sich insbesondere auf dieses Marktsegment zu konzentrieren.

Einer der nach wie vor beliebtesten Laufradsätze von Mavic ist der Ksyrium, der Leistungsfähigkeit und Langlebigkeit zu einem erschwinglichen Preis bietet. Den nächsten Entwicklungsschritt stellt die neueste Generation des Topmodells R-Sys dar. Diese Laufräder verwenden Verbundwerkstoffe für die besonders steifen Hohlspeichen und sogar die Naben, was bislang die wenigsten Hersteller hinbekommen, die nach traditioneller Bauweise fertigen. Zudem sind die Speichennippel aus Aluminium direkt in die Felge integriert. Damit ist der Weg für den nächsten Schritt bereitet: für Drahtreifenfelgen, die im Inneren speziell versiegelt sind und sich ohne Schlauch fahren lassen.

Carbon Sports Lightweight

Der deutsche Leichtbau-Spezialist Carbon Sports machte sich mit der Marke Lightweight international einen Namen, als Jan Ullrich und wenig später Erik Zabel anfingen, die Carbonlaufräder der Firma zu verwenden. Heutzutage unterstützt Lightweight das Team Milram. Die Konstruktion der Lightweight-Laufräder ist ungewöhnlich. Denn diese haben zwar Speichen, sind aber in Monocoque-Bauweise gefertigt, also wie ein Rahmen an einem Stück, sodass es keine Möglichkeit gibt, sie im Nachhinein zu zentrieren oder Speichen zu wechseln. Für einen Laufradbauer ist das ein ziemlich ungewöhnlicher Ansatz, andererseits ergibt es durchaus Sinn, wenn man es sich mal genau überlegt. Rahmen können ja auch nicht einfach nach Belieben verändert werden, warum also sollte es bei den Laufrädern anders sein?

Lightweight-Laufräder wurden von Rudolf Dierl und Heinz Obermayer entwickelt und werden weiterhin nach deren Verfahren und Techniken in Deutschland von Hand gefertigt. In den Anfangstagen nahm die Produktion eines Satzes aufgrund der sehr arbeitsintensiven Abläufe einen ganzen Tag in Anspruch. Lightweights bestehen aus einer Vollcarbonfelge mit Schaumstoffkern sowie einem Carbonnabenkörper mit DT-Swiss-Lagern. Für die Speichen werden ebenfalls Carbon- und Kevlarfäden verwendet.

> ***„Das Cosmic Carbone von Mavic war eines der ersten leichten Laufräder mit Hochprofil-Carbonfelge, das sich relativ gut fahren ließ."***

Rechts: Hochprofil-Carbonfelge und Bremsfläche von Mavic.

MAVIC

Die Vollcarbon-Standardfelge von Lightweight ist 19,5 mm breit und 52,8 mm hoch. Da die Laufräder vor allem bei Zeitfahren und schweren Bergetappen zum Einsatz kommen, bieten die Carbon-Bremsflächen eine ausreichende Bremsleistung, allerdings sind spezielle Beläge erforderlich, um zuverlässiges Bremsen zu gewährleisten. Die Oberfläche der Felgen ist mit einem Speziallack versiegelt, und die Laufräder kommen ohne schwere Schrauben oder Speichenösen aus, weil die Konstruktion es möglich macht, Felge, Speichen und Nabe in einem Stück zu laminieren, wodurch sich eine extrem steife Einheit ergibt. Das Ergebnis ist ein besonders robustes Laufrad, das keine Wartung benötigt. Für alle, die mit etwas weniger Aerodynamik zufrieden sind, gibt es inzwischen das Modell Ventoux mit flachem Felgenprofil.

Die Speichen sind extrem hart gespannt und klingen wie Klaviersaiten. In der Felge befindet sich außerdem ein einlaminierter Magnet für deinen Radcomputer und ein Mikrochip, der sämtliche Produktionsdaten speichert.

Jan Ullrich und ein paar andere Fahrer verwendeten bei der Tour 2004 ein speziell für das Bergzeitfahren nach Alpe d'Huez entwickeltes Laufrad von Lightweight. Wenngleich Lance Armstrong (der auf viel schwereren Bontrager-Laufrädern unterwegs war) trotzdem nicht zu schlagen war, wurde das Modell daraufhin von zahlreichen Teams übernommen. Zum Glück ist das als „Obermayer" erhältliche Laufrad inzwischen auch für Abfahrten geeignet. Mit rund 1.000 g sind Lightweights die mit Abstand leichtesten Systemlaufradsätze auf dem Markt.

Die Tatsache, dass sie nicht zentriert werden müssen, ist ein großer Vorteil für alle, die keinen Speichenschlüssel benutzen können oder wollen. Dank der zunehmenden Popularität der Systemlaufräder und der verbesserten Qualität der Felgen kommen Radfahrer zudem immer seltener in die Verlegenheit, Reparaturen am Straßenrand vornehmen zu müssen. Ich finde es gut, wenn man grundsätzlich in der Lage ist, solche Reparaturen selbst durchzuführen. Trotzdem ist es natürlich schön, wenn ein Laufrad so sorgfältig gefertigt und robust ist, dass einem dieses „Vergnügen" nur äußerst selten zuteil wird.

An das lebhafte Fahrverhalten der Lightweight-Laufräder muss man sich ein wenig gewöhnen, aber die Mischung aus einzigartiger Steifigkeit und maximaler Elastizität ist phänomenal. Für mich stellen sie die einzige echte Alternative zu einem traditionellen Speichenrad dar, denn hinsichtlich Fahreigenschaften, Langlebigkeit und Gewichtsersparnis besitzen Lightweights immense Vorteile, die viele andere Produkte nicht bieten können.

Rechts: Lightweight-Laufräder machen ihrem Namen alle Ehre.

OBERMAYER
OBERMAYER

Edge

Obwohl der auf Carbon spezialisierte Hersteller Edge Composites erst seit 2005 im Geschäft ist, hat er in dieser kurzen Zeit bereits für einiges Aufsehen gesorgt. Kein Wunder, denn die Ingenieure von Edge arbeiteten zuvor für renommierte Unternehmen wie Schwinn/GT, Specialized, Felt, Reynolds und Easton und haben somit geballte Erfahrung in den Betrieb eingebracht. Edge beschäftigt derzeit 75 Mitarbeiter und fertigt sämtliche Produkte im eigenen Betrieb in Ogden, Utah.

Früher beschränkte sich Edge darauf, Rohre und Komponenten für andere Unternehmen wie Parlee, Independent Fabrications, Calfee, Vanilla, Crumpton und Rugamer zu produzieren. Noch heute weigert man sich konsequent, den Massenmarkt zu bedienen, und stellt grundsätzlich nur Maßanfertigungen in Handarbeit her.

Edge-Felgen sind die leichtesten, die man für ein selbstgebautes Top-Laufrad bekommen kann. Zwei ihrer besten Produkte sind eine weniger als 200 g wiegende, für den Klettereinsatz prädestinierte Schlauchreifenfelge und eine 68mm-Hochprofilfelge mit 340 g, die auch für schwerere Fahrer geeignet ist. Während die meisten Leichtbaufelgen aus Aluminium sich mit absoluter Zuverlässigkeit schwer tun, hat Edge es geschafft, aus Carbon eine außergewöhnlich robuste Felge herzustellen, die zudem sehr viel weniger wiegt als herkömmliche Alufabrikate. Das Beste aber ist, dass Edge-Felgen für jedes beliebige Laufrad geeignet sind. Du kannst also einen Satz nach deinen individuellen Anforderungen bauen – allerdings hat das Ganze seinen Preis.

Laufräder und Felgen machen die Hälfte der Gesamtproduktion des Unternehmens aus; außerdem werden Gabeln, Lenker und Vorbauten hergestellt. Insbesondere die Gabeln von Edge erfreuen sich in der anspruchsvollen und ziemlich traditionsbewussten Cyclocross-Szene großer Beliebtheit. Es spricht für das Vertrauen in die eigenen Technologien und Konstruktionsverfahren, dass Edge ein so robustes und responsives Produkt anbieten kann, das den hohen Anforderungen des Offroad-Einsatzes gerecht wird.

Rechts: Hochprofilfelge von Edge mit DT Swiss-Nabe.

190
ceramic

Schnellspanner

„Bisogno cambiá qualcossa de drio!"
„Hinten muss sich irgendetwas ändern!"

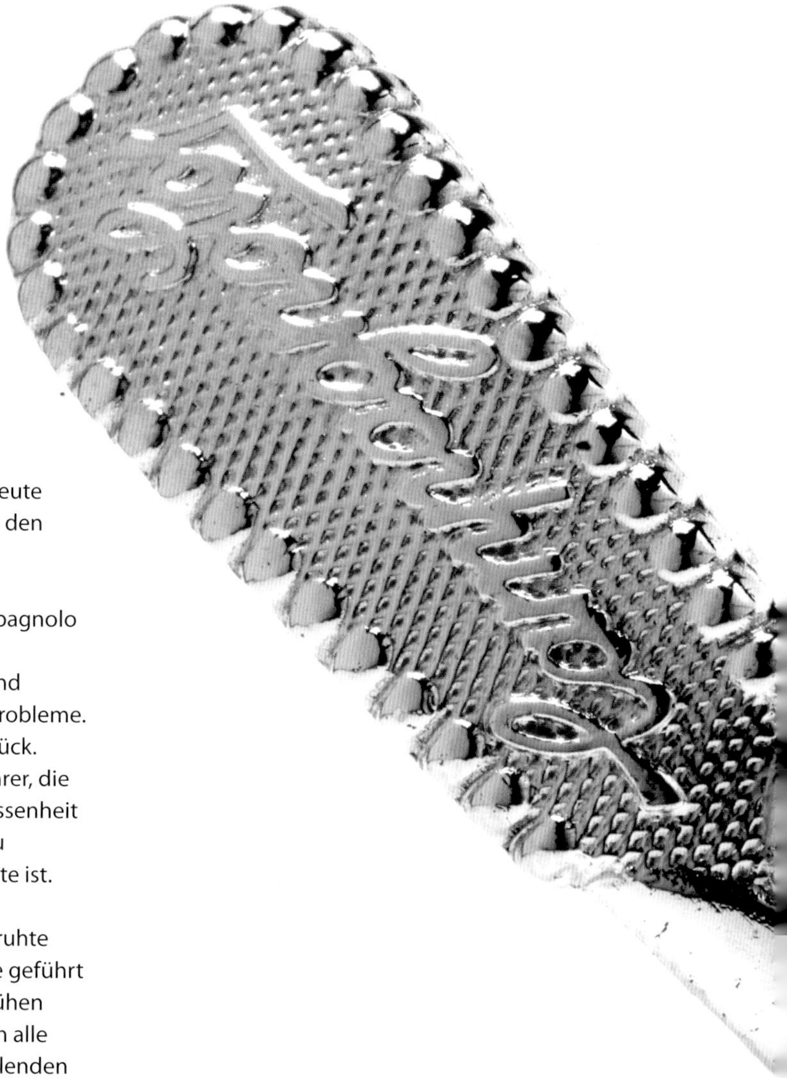

Es war November in den Dolomiten. Es war bitter kalt, und seine Finger waren steifgefroren. Nachdem er beim Gran Premio della Vittoria von 1927 mit seinen Achsmuttern gekämpft und seinen platten Reifen verflucht hatte, kam Tullio Campagnolo eine Idee, die den Rennradsport ebenso nachhaltig verändern sollte wie die Erfindung des luftgefüllten Reifens 30 Jahre zuvor. Tullio kehrte in seine Werkstatt in Vicenza zurück und grübelte, wie man es schneller und einfacher hinbekommen könnte, einen Reifenschaden zu beheben und in einen anderen Gang zu wechseln (damals musste dazu noch das komplette Hinterrad umgedreht werden). Drei Jahre später war die Legende von Campagnolo geboren und mit ihr die ebenso einfache wie geniale Bauweise des Schnellspanners, die noch heute gültig ist. Was für uns längst selbstverständlich ist, bedeutete in den 1930er Jahren eine Revolution im Radsport.

Anders als die meisten Ingenieure der damaligen Zeit war Campagnolo auch ein leidenschaftlicher Rennfahrer. Auch nach dem Ende seiner aktiven Karriere verbrachte er viel Zeit mit den Fahrern und Mechanikern und sprach mit ihnen über ihre Bedürfnisse und Probleme. So kehrte er stets mit neuen Anregungen in seine Werkstatt zurück. Dort entwickelte er neuartige Komponenten, mit denen die Fahrer, die er unterstützte, alle großen Rennen gewannen. Tullios Entschlossenheit und seine Fähigkeit, eigene Forschungen und Entwicklungen zu betreiben, machten die Firma Campagnolo zu dem, was sie heute ist.

Der erste Schnellspanner von Campagnolo war primitiv und beruhte auf dem Prinzip eines Exzenterhebels, der durch eine Hohlachse geführt und an einem Ende mit einer Kontermutter fixiert wurde. Die frühen Exemplare mussten einiges aushalten, denn damals hatten noch alle Räder starre Naben, sodass das Hinterrad sehr fest in den Ausfallenden fixiert werden musste. Zu der Zeit waren Achsen aber auch noch sehr viel schwerer und die Laufräder symmetrisch, sodass Achsbrüche eine Seltenheit waren. Das Aufkommen der Schaltwerke und Freilaufkörper, die asymmetrische Hinterradnaben erforderten, brachte deshalb später neue Probleme mit sich, mit denen sich Signore Campagnolo beschäftigen musste.

Die besten Schnellspanner sind diejenigen, die bei jedem Wetter und in jeder Situation funktionieren. Von vielen billigen Spannern mit offenem Exzenter lässt sich das nicht unbedingt behaupten, denn gerade bei Nässe kann die Plastikdichtung schnell verschmutzen. Die praktikablere Variante ist daher die mit internem bzw. geschlossenem Exzenter, und die Mechaniker der Profiteams sorgen immer dafür, eine ausreichende Stückzahl dieser zwar älteren, aber besseren Schnellspanner vorrätig zu haben.

„Die besten Schnellspanner sind diejenigen, die bei jedem Wetter und in jeder Situation funktionieren."

Um während eines Rennens einen schnellen Laufradwechsel vornehmen zu können, muss alles gut vorbereitet sein: Die Kontermutter muss exakt eingestellt sein, um einen perfekten Sitz an den Ausfallenden und die richtige Vorspannung zu gewährleisten. Der Hebel befindet sich meistens auf der linken Seite und zeigt – parallel zum Boden verlaufend – in Richtung Tretlager. Viele Fahrer feilen die sogenannten „Lawyer Lips", die Nasen am Ende der Ausfallenden, ab, wodurch das Vorderrad ein- und ausgebaut werden kann, ohne die Kontermutter nachjustieren zu müssen. Das ist allerdings nicht zu empfehlen, sofern du die Garantie behalten möchtest.

Ein geschickter Mechaniker kann ein Hinterrad in wenigen Sekunden wechseln, Schnellspanner müssen also zuverlässig, beständig und stabil sein. Ich persönlich bevorzuge die älteren Modelle mit geschlossenem Exzenter, die seit den 1970ern von Campagnolo und Shimano hergestellt wurden. Sie bestehen aus verchromtem Stahl und wenngleich sie schwerer sind als andere Varianten, bieten sie die beste Klemmwirkung und sind am komfortabelsten zu bedienen. Für 10-fach-Naben sind sie allerdings nicht lang genug. Welches sind also die richtigen Schnellspanner für dich?

Geschlossener Exzenter
Diese ursprünglich von Campagnolo entwickelte Bauform weist einen internen Exzenter am Ende des Hebelarms auf, mit dem die Achse unter Vorspannung gesetzt wird. Weil sie ausschließlich aus Stahl bestanden, waren solche Schnellspanner langlebig und leicht zu demontieren und zu warten, wenn sie neu gefettet werden mussten.

Offener Exzenter
Dies ist die einzige Alternative zur ursprünglichen Bauweise von Campagnolo. Sie ist wesentlicher simpler und arbeitet mit einem offenen Exzenter am Hebelende. Der Mechanismus erfordert eine Plastikscheibe, die auf der verzahnten Scheibe liegt, welche bei geschlossenem Klemmhebel gegen das Ausfallende gepresst wird. Diese Schnellspanner sind in der Regel etwas leichter und – da es weniger bewegliche Teile gibt – wesentlich einfacher herzustellen. Sie müssen aber sorgfältig gearbeitet werden, da sie ansonsten unzuverlässig sind und sich nicht so leicht lösen lassen wie die Variante mit geschlossenem Exzenter.

Von links nach rechts: Schnellspanner von Campagnolo, Mavic, Shimano und Lightweight.

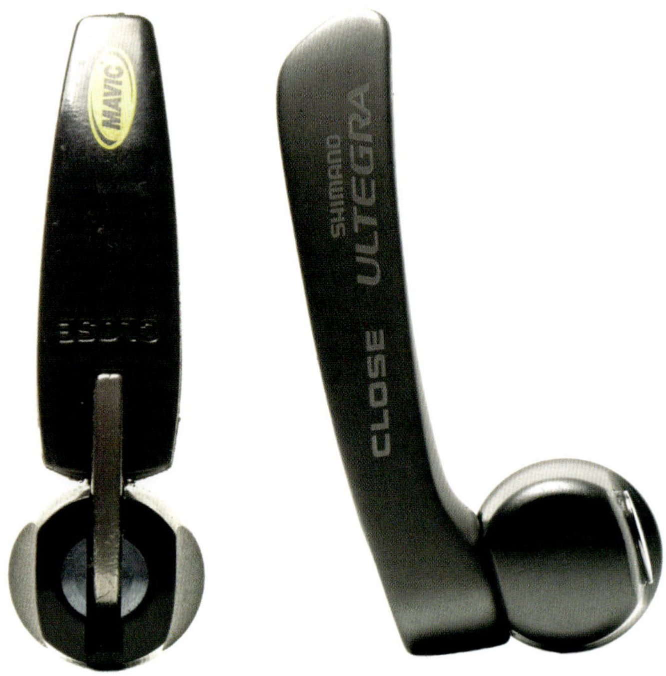

Campagnolo

Angesichts der Tatsache, dass Campagnolo das System erfunden hat, ist der neueste Record-Schnellspanner in meinen Augen ein wenig enttäuschend. Weder funktioniert er besonders gut, noch sieht er so edel aus wie seine Vorgänger. Mein Lieblingsschnellspanner ist derjenige aus der allerersten 10-fach-Variante der Record-Gruppe. Anders als sein „verbesserter" Nachfolger und viele andere aktuelle Modelle liegt er gut in der Hand und ist dank seiner Kontermutter aus Aluminium und des charakteristischen D-Rings einfach zu justieren und einzustellen. Mit 133 g pro Paar ist der alte Record-Schnellspanner zudem wohl kaum als schwer zu bezeichnen (auch die neueste Variante bringt 120 g auf die Waage), und es verwundert nicht, dass er sich auch bei den Mechanikern der Profiteams nach wie vor großer Beliebtheit erfreut.

Mavic

Der französische Hersteller hat sich von beiden Systemen ein bisschen abgeschaut und seinen eigenen, sehr brauchbaren Schnellspanner entwickelt. Der Schließmechanismus besteht aus Stahl und ist mit einer Plastikverkleidung abgedeckt, um das Eindringen von Schmutz zu verhindern. Der Klemmhebel ist mit einer Feder versehen, um das Lösen zu erleichtern. Allerdings muss die Positionierung genau stimmen, damit die Achse nicht überspannt wird, wenn der Hebel geschlossen ist. Die neuesten Modelle haben Achsen aus Titan und wiegen nur rund 100 g das Paar.

Shimano

Die Schnellspanner von Shimano haben sich insbesondere im Zuge des Mountainbikebooms der 1990er Jahre erheblich verbessert. Wie so viele Komponenten von Shimano sind sie einfach zu bedienen, aber wegen des versiegelten Mechanismus schwerer zu warten als Schnellspanner von Campagnolo. Sie arbeiten zuverlässig und sind mit 123 g pro Paar leicht genug.

Lightweight

Lightweight hat sich für die Bauweise mit offenem Exzenter entschieden und einen unglaublich leichten Schnellspanner entwickelt, der gerade einmal 34 g je Paar wiegt. Während viele andere Hersteller mit Titanachse und Aluminiumhebeln arbeiten, geht Lightweight genau umgekehrt vor. Das funktioniert überraschend gut und ist speziell für Kletterer interessant. Allerdings sind die Lightweight-Schnellspanner in erster Linie für senkrechte Ausfallenden vorgesehen; die Frage ist also, wie zuverlässig die Klemmung letztlich ist. Immerhin: Sie erfüllen deutsche DIN-Normen, dürften also als sicher gelten.

Bob Parlee

Parlee Cycles
119R Foster Street, Building 13
Peabody
MA 01960
USA
www.parleecycles.com
+1 978 977 7474

„Entscheidend ist, die Fasern richtig auszurichten."

Bob Parlee ist Fachmann für Verbundwerkstoffe. Er war mehrere Jahre in der Skibranche beschäftigt und hat danach im Bootsbau gearbeitet. Er entwarf Kielschwerter und Ruder und hat Ruderblätter für Schnellboote gefertigt, die auf ähnliche Weise wie Flugzeugtragflächen funktionieren. In seiner Heimat Essex in Massachusetts hat der Bau von Holzbooten eine lange Geschichte, die bis ins 19. Jahrhundert zurückreicht. Bob kennt sich mit den traditionellen Techniken ebenso aus wie mit modernen Materialien.

Bei der Arbeit mit Carbon und anderen Hightech-Fasern hat Bob einige bemerkenswerte Parallelen in der Bauweise von Fahrrädern - vor allem Zeitfahrrahmen - und Booten festgestellt. Er hatte sich seit jeher für Räder interessiert und die vielen interessanten und innovativen Konstruktionen der 1990er Jahre (das war wohlgemerkt, bevor die UCI die Richtlinien änderte) brachten ihn schließlich auf die Idee, selbst welche zu bauen. 2000 beschloss er, fortan Maßanfertigungen aus Carbon herzustellen. Zwei Jahre später folgte der Durchbruch für Parlee, als Tyler Hamilton auf einem der ersten Räder aus seiner Produktion Zweiter beim Giro d'Italia wurde.

Seitdem hat sich Parlee binnen kürzester Zeit einen ausgezeichneten Ruf als Hersteller maßgefertigter Rahmen erworben. Im Gegensatz zu vielen anderen Carbonbauern wendet er ähnliche Verfahren an, die auch bei der Fertigung mit Stahl zum Einsatz kommen. Die handgeschnittenen Rohre werden in einer senkrechten Vorrichtung mit handgearbeiteten Muffen gefügt. Anders als Stahlrahmen werden sie nicht gelötet oder geschweißt, sondern in einem einzigartigen, von Parlee perfektionierten Verfahren unter hohem Druck ausgehärtet.

So entstehen außergewöhnlich leichte Rahmen, die auf die individuellen Maße des Kunden gefertigt werden. Auch die Rohre werden je nach den Anforderungen des Fahrers und der gewünschten Steifigkeit und Elastizität ausgewählt. Als Standard werden unidirektionale Carbonrohre verbaut, aber auch Upgrades z.B. auf den ultraleichten SL-Rohrsatz oder besonders steife XL-Rohre sind möglich. Kombinationen verschiedener Rohrsätze sind ebenfalls denkbar. Parlee achtet darauf, die für den jeweiligen Kunden idealen Rohre zu verwenden, um die gewünschte Mischung aus Stabilität und Fahrkomfort zu erhalten. Sattelstreben sind in der Wishbone-Form oder in einer traditioneller aussehenden geraden Variante (wie am hier abgebildeten Z1) verfügbar. Dadurch erhält diese ansonsten sehr modern gehaltene Hightech-Maschine eine schlichte, sehr klassische Linienführung.

Continental
SPRINTER
PARLEE
CYCLES
MAVIC

Die individuelle Bauweise der Rohre und Muffen (die in mancherlei Hinsicht mit der von Campagnolo und Serotta verwendeten Technik vergleichbar ist) ermöglicht eine Vielzahl unterschiedlicher Rahmengrößen. Das Beste aber: Wenn du mit einem Rad von Parlee stürzt und ein Rahmenrohr beschädigt wird, kann es ersetzt werden, was mit dem schwarzen Wundermaterial bislang unmöglich war. Carbon scheint wirklich das Material der fast unbegrenzten Möglichkeiten zu sein.

Dank seiner bahnbrechenden und doch überraschend traditionellen Fertigungstechniken zählt Parlee heute zu den renommiertesten Carbonrahmenbauern. Es geht aber nicht „nur" um die Konstruktion: Dank der herrlichen Lackierung und Bobs Liebe zum Detail sehen die Räder auch fantastisch aus. Für mich zählen die Räder von Parlee ohne Zweifel zu den besten, die im Carbonbereich derzeit erhältlich sind.

Verwendete Materialien:
Ausschließlich Carbon für den Rahmen, für diverse Kleinteile und Halterungen gegebenenfalls auch Titan oder Aluminium. Die Verarbeitungsprozesse mit Carbon werden immer besser, wodurch auf Metalle nach und nach weitgehend verzichtet wird. Dennoch kommt beim Rahmenbau weiterhin Metall zum Einsatz, z.B. für Teile, die verschraubt werden.

Angestellte:
Etwa 12.

Preisspanne:
3.400 bis 9.200 US-$ pro Rahmen.

Wartezeit (im Schnitt):
Für Maßanfertigungen etwa 60 Tage.

Gebaute Rahmen pro Jahr:
Insgesamt, inklusive unseres Lagerbestands, etwa 1.000.

Wer sind eure Kunden und wie würdest du sie „definieren"?
Freaks, die - genau wie wir selbst - im positiven Sinn Verrückte sind und von Rädern einfach nicht genug kriegen. Dabei scheint es zwei unterschiedliche Typen zu geben: zum einen Rennfahrer, die eine Hochleistungsmaschine wollen, die länger hält als nur eine Saison, und zum anderen begeisterte Hobbyfahrer, die schon einige hübsche Räder hatten und jetzt das „Beste" haben möchten, das es aus Carbon gibt. Möglicherweise besitzen sie ein Stahlrad von Sachs, ein Titanrad von Eriksen, ein Alurad von Pegoretti usw., und jetzt wollen sie noch ein Rad haben, das im Carbonbereich das Maß aller Dinge darstellt.

Seit wann baust du Räder?
Hauptberuflich seit rund einem Jahrzehnt. Die ersten Parlee-Räder haben wir 2001 verkauft.

Baust du auch Rahmen für den Profibereich?
Ja, wir haben viele Maßanfertigungen für Profis hergestellt und sponsern heute das UCI-Team Fly V Australia. Die Jungs haben gerade ihre erste Tour of California bestritten. Unser Team hier in den Staaten im Fernsehen zu sehen, war natürlich eine ziemlich aufregende Sache für uns.

Wodurch wurde dein Interesse für den Fahrradbau geweckt?
Radfahren war schon immer mein Ding. In den 70ern bin ich quer durch die Staaten gefahren, in den 80ern und 90ern habe ich ein paar Rennen bestritten. Weil ich schon immer Dinge selbst gebaut habe, war es an sich ein logischer Schritt, irgendwann meine eigenen Räder zu fertigen. Die nötigen Impulse bekam ich durch die Erfahrungen, die ich im Bootsbau gesammelt hatte. Ich war schon immer der Meinung, dass Verbundwerkstoffe die Zukunft des Fahrrads sein würden.

Wer hat dir dein Handwerk beigebracht?
Was den Fahrradbau betrifft, habe ich mir alles selbst beigebracht, aber eine Menge von dem, was ich beim Bau von Surfbrettern und Booten gelernt habe, lässt sich auf Fahrräder anwenden. Ich hatte das Glück, mit ein paar sehr cleveren Burschen zusammenzuarbeiten, die mir dabei halfen, unser spezielles Formgebungsverfahren zu entwickeln, das hinsichtlich Flexibilität und Geometrie noch immer seinesgleichen sucht.

Wer beeinflusst dich heute?
Ich beschäftige mich viel mit moderner Kunst und Industriedesign. Mich interessieren saubere, elegante Design- und Konstruktionsansätze, und ich versuche, meine Räder so „sauber" wie möglich zu gestalten.

Welches ist das beste Rahmenmaterial?
Carbon, nicht nur aufgrund der offensichtlichen Stabilitäts- und Gewichtsvorteile, sondern auch wegen der Möglichkeiten zur Feinabstimmung, die man durch die unterschiedliche Zusammensetzung und Ausrichtung der Fasern erhält. Das haben die meisten Leute bis heute nicht begriffen: Nur indem man die Ausrichtung der Fasern ändert, kann man einen Rahmen entweder so steif wie ein Brett oder so elastisch wie sonst was machen.

Wie vermesst ihr eure Kunden?
Wir verwenden ein ziemlich raffiniertes CAD-System, mit dem wir ein Setup bis auf den Millimeter genau einrichten können. Wir arbeiten mit kompetenten Fachgeschäften auf der ganzen Welt zusammen, sodass unsere Kunden sich an einen Händler in ihrer Nähe wenden können und nicht extra nach Boston fliegen müssen, um ein Parlee zu bekommen.

Welches ist die spannendste neue Entwicklung hinsichtlich Rahmendesign oder Rohrtechnologie?
Für mich immer noch Carbon. Verglichen mit dem Material Stahl, das seit über hundert Jahren im Rahmenbau verwendet wird, steckt die Fertigung mit Carbon und anderen Verbundwerkstoffen noch in den Kinderschuhen.

Welches ist das wichtigste Element des Rahmens?
Noch einmal: Entscheidend ist die Orientierung der Fasern. Was einzelne Elemente angeht, werden die Kettenstreben oft vernachlässigt oder so gebaut, dass sie möglichst „kräftig" aussehen. Viel wichtiger ist aber die strukturelle Zusammensetzung der Rohre.

Was möchtet ihr für eure Kunden erreichen?
Wir möchten, dass sie sich in ihr Rad verlieben und das Gefühl haben, dass wir uns so darum gekümmert haben, als wäre es unser eigenes.

Wer ist/war der beste Rahmenbauer und warum?
Das ist unmöglich zu beantworten, weil es so viele unterschiedliche Herangehensweisen und Verfahren gibt. Alles ist extrem spezialisiert, wie kann es da den einen, alles überragenden Ansatz geben? Was unser eigenes Verfahren betrifft, kann unserem Rahmenbauer Rommel Mariano niemand das Wasser reichen.

„Ich hatte das Glück, mit ein paar sehr cleveren Burschen zusammenzuarbeiten, die mir dabei halfen, unser spezielles Formgebungsverfahren zu entwickeln, das hinsichtlich Flexibilität und Geometrie noch immer seinesgleichen sucht."

PRO
KING

Richtig sitzen

Der passende Sattel

„Männer sollten sich niemals auf ein Fahrrad setzen. Fahrradfahren sollte verboten und geächtet werden. Es ist die irrationalste Art körperlicher Ertüchtigung, die ich mir vorstellen kann."

Das sagte der amerikanische Urologe Dr. Irwin Goldstein 1997, nachdem eine (auf seinen Forschungen beruhende) Reportage in den USA für Schlagzeilen gesorgt hatte. Darin ging es um erektile Dysfunktion und durch Radfahren verursachte Impotenz. Die Story ging durch die Weltpresse und versetzte dem Radsport einen schweren Schlag. Dr. Goldstein schürte weiter Panik und behauptete, dass bereits rund 100.000 amerikanische Männer aufgrund des Radfahrens impotent geworden seien. Ein rationalerer Ansatz wäre es wohl gewesen, auf das eigentliche Problem hinzuweisen, nämlich dass viele Menschen die verkehrte Kleidung tragen und einen falschen, schlecht eingestellten Sattel benutzen. Das aber gilt für Frauen ebenso wie für Männer.

Glücklicherweise obsiegte letztlich der gesunde Menschenverstand, schließlich gibt es eine Menge Profiradfahrer, die Kinder haben. Immerhin bewirkten Dr. Goldsteins Thesen, dass die Sattelhersteller umfangreiche Nachforschungen in die Wege leiteten, um die „Probleme" zu beheben. So wurden alle möglichen Formen neuartiger Sättel entwickelt, einige davon mit Aussparungen in der Mitte. Viele Fahrer schnippelten bereits seit Jahren an ihren Sätteln herum, um bei langen Etappenrennen den Druck auf wunde und entzündete Stellen zu verringern. Überhaupt waren die Strapazen einer mehrwöchigen Rundfahrt nur zu ertragen, wenn der Sattel zuvor im Training eingefahren wurde, um ein gewisses Maß an Bequemlichkeit zu erreichen. Das Problem solcher Aussparungen im Sattel ist, dass die Seitenränder selbst als Druckpunkte fungieren, weswegen viele Fahrer, mich eingeschlossen, mit den Dingern nie richtig warm geworden sind.

Die 80er Jahre waren so etwas wie das „goldene Zeitalter" der Sättel. Viele der Modelle, die damals entworfen wurden, sind noch heute verbreitet. Klassiker-Spezialist Tom Boonen etwa benutzt noch immer einen Selle San Marco Regal. Lance Armstrong schwört derweil auf den Selle San Marco Concor, und auch der eine oder andere Selle San Marco Rolls oder Selle Italia Turbomatic ist noch im Peloton zu sehen. Diese Sättel sind bis heute so beliebt, da bei ihrer Entwicklung der Komfortgedanke im Mittelpunkt stand. Weil sie relativ groß sind, absorbieren die alten Sättel wesentlich mehr Stoßkräfte. Die Hersteller möchten natürlich, dass wir ultramoderne Carbon-Modelle kaufen, aber die haben nicht viel mehr zu bieten als ein wenig eingespartes Gewicht und kaum Komfort. Wenn du unbedingt willst, kannst du dir ein Rad mit einem solchen Sattel aufbauen, ein Foto davon machen und es dir an die Wand hängen. Aber setze dich lieber nicht allzu oft drauf, denn etwas, was wie eine Rasierklinge aussieht, kann unmöglich bequem sein.

Inzwischen wissen wir mehr über die physiologischen Ursachen, die zu Problemen mit Sätteln führen. Vor allem musst du darauf achten, dass der Sattel absolut waagerecht und auf die richtige Höhe eingestellt ist. Dafür solltest du gegebenenfalls einen erfahrenen Spezialisten zurate ziehen. Ermittle

IN DIESEM ABSCHNITT

Rechte Seite von oben nach unten: Fizik Pavé und Arione sowie die „Klassiker" Selle San Marco Regal und Rolls.

„Vor allem musst du darauf achten, dass der Sattel absolut waagerecht und auf die richtige Höhe eingestellt ist. Dafür solltest du gegebenenfalls einen erfahrenen Spezialisten zurate ziehen."

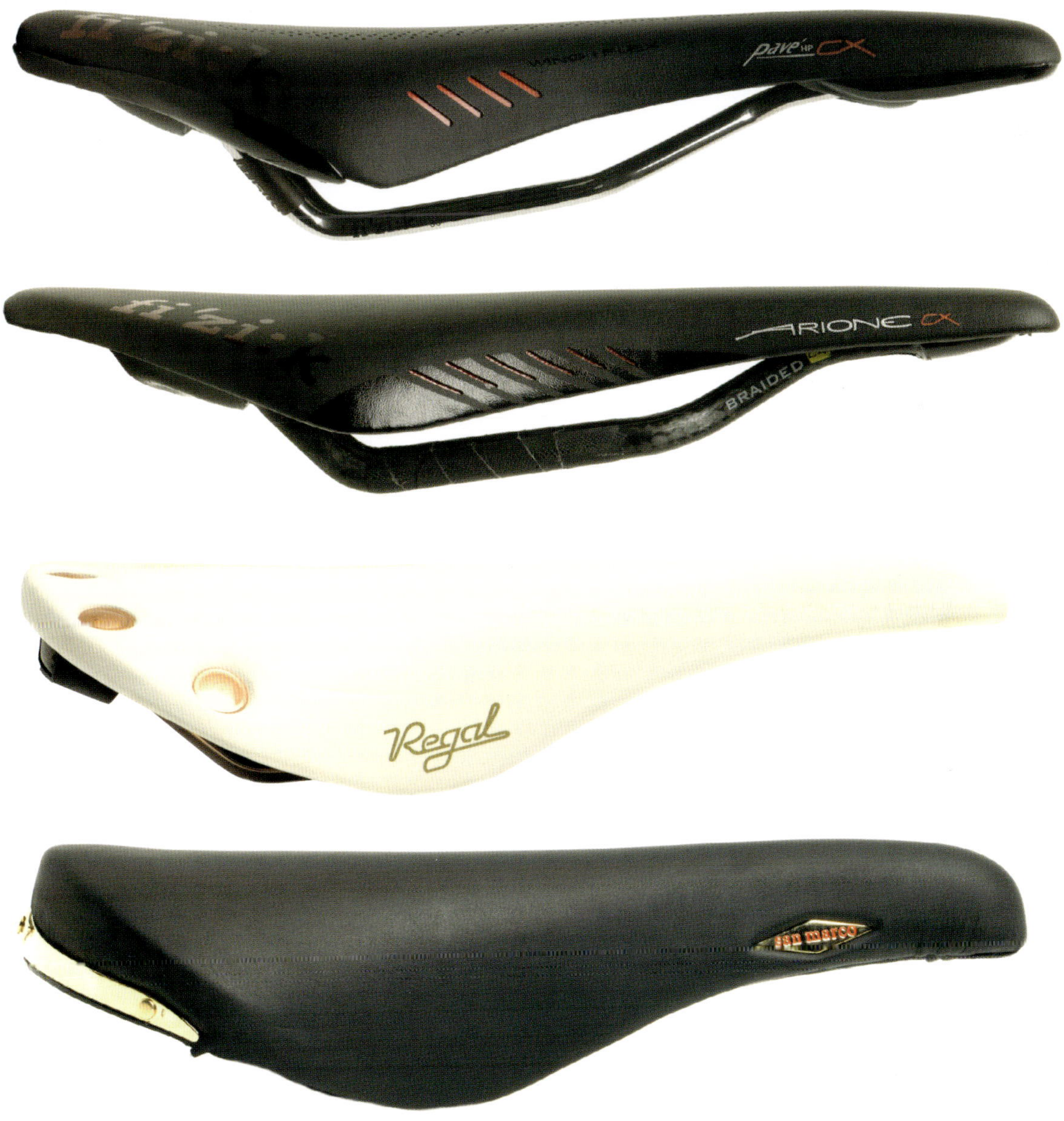

die für dich richtige Sitzposition und Lenkerhöhe, um keine empfindlichen Körperteile zu sehr zu belasten. Eine extreme Zeitfahrposition beispielsweise könnte problematisch sein, weil du dabei großen Druck auf dein Perineum ausübst. Diesen Aspekt solltest du bei der Abstimmung deines Rads auf keinen Fall unterschätzen. Im Gegenteil sind alle anderen Bemühungen für die Katz, wenn du bei der Form und der Einstellung des Sattels nachlässig bist. Probiere mehrere Sättel aus und unternimm, wenn möglich, einige Testfahrten mit verschiedenen Modellen. Es lohnt sich, diese Zeit zu investieren.

In gewisser Weise ist es also Dr. Goldstein zu verdanken, dass wir heute aus so vielen verschiedenen Sattelformen wählen können. Viele Modelle sind in diversen Breiten erhältlich, um unterschiedlichen Sitzknochen gerecht zu werden. Und deine Sitzknochen sind das Erste, was du berücksichtigen solltest, wenn du einen passenden Sattel suchst. Denn wie heißt es so schön: Jeder Arsch ist anders.

Von links nach rechts: Fizik Antares, Pavé und Arione mit unterschiedlichen Breiten für unterschiedliche Sitzknochen.

Sattelstützen

Der Sattel ist mittels einer Sattelstütze, die gleichzeitig zur Einstellung der bevorzugten Sitzposition des Fahrers dient, am Rad befestigt. Der Schaft besteht meist aus einem Rohr mit einem verstellbaren Klemmschlitten an der Spitze, der mit einer oder zwei Schrauben am Sattelgestell fixiert wird. Sattelstützen mit einfacher Schraube, wie sie z.B. von Campagnolo hergestellt werden, sind leichter zu justieren, dafür ist die Variante mit zwei Schrauben etwas stabiler und verrutscht nicht so leicht. Beide Systeme funktionieren aber einwandfrei, wenn sie gemäß der Herstellerhinweise montiert werden.

Der Durchmesser der Sattelstütze hängt von der Dicke des Sitzrohrs ab. Gängige Maße bei dünnwandigen Stahlrahmen sind 27,2 mm, 27 mm und 26,8 mm, allerdings gibt es so viele verschiedene Durchmesser, wie es Rahmenrohrmaße gibt. Bei einigen der frühen Aluminiumrahmen kamen sogar 25mm-Stützen vor, aber seitdem vor allem bei Alu- und Carbonrahmen die Sitzrohre dicker wurden, sind 31,6 mm oder sogar noch größere Durchmesser keine Seltenheit mehr. Insbesondere durch den Siegeszug der Compact-Rahmen haben sich dickere Sattelstützen weiter durchgesetzt. Sie passen von den Proportionen her einfach besser zu den dickeren Rohren und sind gegenüber schmaleren Stützen natürlich auch belastbarer und steifer, was umso mehr zum Tragen kommt, je weiter die Stütze herausgefahren wird. Das gängigste Maß ist 27,2 mm. Die Länge der Sattelstützen variiert zwischen 200 und 450 mm. Für sie alle gilt eine Mindesteinführtiefe, die normalerweise um die 70 mm ab dem offenen Ende des Rohrs beträgt. Je länger die Sattelstütze, desto weiter muss sie in das Sitzrohr eingelassen werden.

Die Sattelstütze wird mit einer Klemme oder Schelle im Sitzrohr fixiert. An gemufften Stahlrahmen wird die Sattelstütze zumeist mittels einer in die Sitzrohrmuffe integrierten Klemmschraube befestigt. Alle Sattelstützen, insbesondere solche aus Carbon, sollten an diesem Einführpunkt regelmäßig überprüft werden, da hier hohe Belastungen auf das Material einwirken und die Stütze in Mitleidenschaft gezogen werden kann.

Viele Carbonrahmen haben inzwischen integrierte Sattelstützen, bei denen das Sitzrohr weiter über das Ende des Oberrohrs hinausragt. Eine separate Sattelstütze ist damit nicht mehr notwendig. Das ist problematisch, falls du dir deiner Sattelhöhe nicht sicher bist und das Sitzrohr zugeschnitten werden muss, um die gewünschte Höhe zu erreichen. Wenn dabei gepfuscht wird, kann das ein ziemlich kostspieliger Fehler werden. Rahmen mit integrierter Sattelstütze sind angeblich steifer und leichter als Rahmen mit einer normalen, justierbaren Sattelstütze. Meiner Meinung nach ist das blanker Unsinn, und die vermeintlichen Vorteile des neuartigen Designs werden durch die eingeschränkten Justiermöglichkeiten bei weitem in den Schatten gestellt.

Ungekröpfte Carbonsattelstütze von 3T.

„Mir ist bei einem Querfeldeinrennen mal eine angeknackste Carbonstütze gebrochen, und auf das Vergnügen, mir Carbonsplitter aus den Schenkeln zupfen zu müssen, möchte ich in Zukunft lieber verzichten.“

OFFSET-SATTELSTÜTZEN

Offset-Sattelstützen sind am Kopf gekröpft, wodurch es möglich ist, den Sattel hinter dem Sitzrohr versetzt zu fixieren, was vor allem für Fahrer mit langen Oberschenkeln oder Beinen interessant ist. Je nach Modell kann der Offset 2 bis 50 mm betragen. Campagnolo arbeitet mit einem standardmäßigen Offset von 25 mm.

INLINE-SATTELSTÜTZEN

Für kleinere Fahrer empfiehlt sich vielleicht eher eine gerade, ungekröpfte Inline-Sattelstütze, bei welcher der Sattel gegenüber der Offset-Variante um bis zu 25 mm weiter vorn positioniert werden kann. Inline-Stützen werden häufig von Bahnfahrern und Zeitfahrspezialisten verwendet, die so eine nach vorn verlagerte Sitzposition erhalten, was eine bessere Kraftübertragung ermöglicht. Wie immer solltest du mit einem Spezialisten ermitteln, welche Variante für deine Physiologie am besten geeignet ist.

Rechts: Die Alusattelstütze ProComponent PLT.

Materialien

Die beliebtesten Sattelstützen für Rennräder sind solche aus Carbon. Sie sind leicht und extrem stabil. Solltest du dich für eine Carbonstütze entscheiden, wähle sie sorgfältig aus und behandle sie pfleglich, und falls du Cyclocross fährst, solltest du darüber nachdenken, ein geeigneteres Material zu verwenden. Mir ist bei einem Querfeldeinrennen mal eine angeknackste Carbonstütze gebrochen, und auf das Vergnügen, mir Carbonsplitter aus den Schenkeln zupfen zu müssen, möchte ich in Zukunft lieber verzichten. Aufgrund der besonderen Anforderungen (die extremen Stöße, das ständige Waschen des verdreckten Rads) ist Carbon nicht unbedingt das ideale Material für den Cyclocross-Sport. Baue die Stütze regelmäßig aus und überprüfe sie auf Abnutzungserscheinungen wie Schrammen, Kratzer und Dellen, die zum Bruch führen könnten. Benutze keinesfalls Fett, sondern eine spezielle Paste für Carbon, um den Schaft zu schmieren und zu verhindern, dass er sich in das Sitzrohr frisst.

Manche Hersteller fertigen inzwischen Monocoque-Carbonstützen, bei denen der Klemmschlitten bereits in den Schaft integriert ist. Ebenso wie bei Rahmen mit integrierten Sattelstützen kann die Justierbarkeit dadurch eingeschränkt sein. Verwende eine solche Stütze daher nur, wenn du ganz sicher bist, dass sie für deine gewünschte Sattelhöhe und -position geeignet ist. Zudem ermöglichen solche Stützen in der Regel nur wenig Offset.

Für Fahrer, die auf Langlebigkeit und etwas zusätzlichen Komfort aus sind, empfehlen sich Stützen aus elastischeren Materialien wie Stahl und Titan. Das vielleicht beste Material für Sattelstützen ist Aluminium. Alustützen sind in der Regel zuverlässig und stabil und fressen sich, sofern sie richtig präpariert wurden, auch nicht in den Rahmen, wenn das Rad zusammengebaut wird.

Rechts: Carbonsattelstütze und Klemmring von Campagnolo.

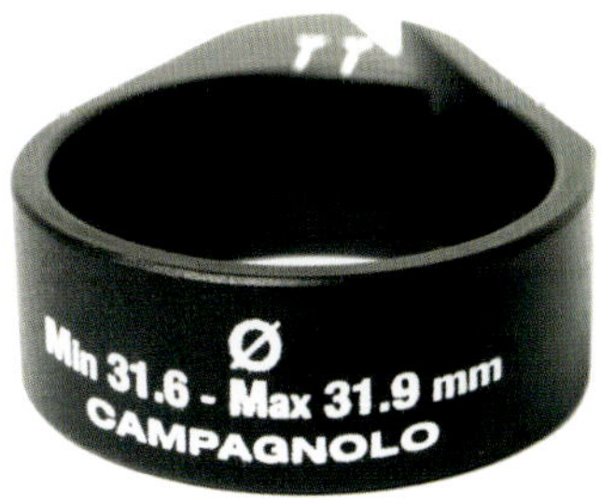

Brooks Saddles

Downing Street
Smethwick
West Midlands B66 2PA
Großbritannien
www.brookssaddles.com
+44 121 565 2992

Brooks ist einer der ältesten Hersteller im Radsportbereich, und sein großes Erfolgsgeheimnis ist fraglos die durchweg überragende Produktqualität. Brooks-Sättel sind vielleicht nicht jedermanns Sache, aber sie sind handgearbeitet und perfekt verarbeitet. In den 1930er und 1940er Jahren bettete fast jeder Profi seinen Hintern auf einem Modell von Brooks. 1936 konnten die Briten sogar stolz verkünden, dass jeder einzelne Teilnehmer der Tour de France einen ihrer „Komfort"-Sättel verwendet hatte.

Design und Herstellungsweise der Sättel haben sich seit der Firmengründung durch John Boultbee Brooks im Jahr 1866 kaum verändert. Die aus Irland stammenden Häute werden in einer speziellen Gerberei in Belgien zu Leder weiterverarbeitet. Das Imprägnieren, Trocknen und Formen erfolgt im Werk in Smethwick in der Nähe von Birmingham. Die Herstellung eines Brooks-Sattels erfordert ein hohes Maß an Präzision und Detailtreue. Jeder einzelne Sattel ist ein handgefertigtes Stück, und viele der Angestellten des Unternehmens weisen mehr als 20 Jahre Berufserfahrung auf.

Nachdem die Rohlinge eingeweicht und teilweise getrocknet wurden, wird das Obermaterial der Sättel in einer Form vorbereitet. Daraufhin werden sie erneut getrocknet, bevor die Satteldecke ihre endgültige Form erhält und zugeschnitten wird. Ist das Leder erst einmal geformt, ist es für einen Laien völlig unmöglich, es zuzuschneiden. Es erfordert Kraft und eine spezielle Technik, um den Überschuss präzise abtrennen zu können. Die Schneider verwenden dafür amerikanische Stahlklingen, die regelmäßig geschärft werden müssen. Am Ende bleibt eine fertig geformte Satteldecke, die nun noch den entsprechenden Prägestempel erhält.

Wie gewaltige Dampfmaschinen aus viktorianischer Zeit arbeiten sich gigantische Spezialpressen und Windemaschinen, die gut die Hälfte des gesamten Firmengeländes einnehmen, mit Leichtigkeit durch Meilen von Stahl- und inzwischen auch Titansträngen, um die Federn und Stäbe für das Sattelgestell herzustellen. Dieses besteht aus zwei gebogenen Metallstäben, die hinten mit einem plattenförmigen Quersteg, der sich über die gesamte Breite des Sattels erstreckt, verbunden werden. Die Nase der ledernen Satteldecke wird an eine schmalere Platte genietet, die einen patentierten Mechanismus enthält, mit der die Decke dauerhaft gespannt werden kann.

BROOKS

Das Leder an das Sattelgestell zu nieten, ist ein hochkomplizierter Vorgang, den nur wenige Angestellte von Brooks beherrschen. Anscheinend ist es eine natürliche Gabe, die einem entweder in die Wiege gelegt wird oder eben nicht. Es herrschen strenge Qualitätskontrollen, und beim kleinsten Makel wird ein Sattel sofort aussortiert. Präzise Arbeit ist bei Brooks oberste Prämisse. Die großen Kupfernieten werden locker eingeschlagen, die kleineren Stahlnieten maschinell gestanzt. Die Ausrichtung erfolgt nach Augenmaß, und es ist erstaunlich, wie wenige Patzer dabei auftreten.

Dieses Verfahren sowie ein Großteil der Maschinen und Produktionstechniken sind im Prinzip noch die gleichen wie vor hundert Jahren. Auch die Verarbeitung der Lederrohlinge und das Design haben sich seither kaum verändert.

Gleich geblieben sind auch Prägung und Namenszug. Das Unternehmen scheint auf die Wahrung des eigenen Markenzeichens ebenso großen Wert zu legen wie auf die Sicherung der hohen Qualitätsstandards, für die der Name Brooks bürgt. Was sich verändert hat, ist die Bandbreite des Sortiments und die Aufmachung der Produkte und ihrer Verpackung, die es inzwischen mit der Qualität der Sättel aufnehmen kann.

Mit Handarbeit, die keine Maschine jemals besser erledigen könnte, bewahrt Brooks die ursprünglichen Traditionen des Radsports. Die Schönheit eines Brooks-Sattels liegt nicht zuletzt in der sorgfältigen Fertigung begründet. Ohne Zweifel gehört Brooks zu den Namen, die aus dem Radsport nicht mehr wegzudenken sind.

Der B17 von Brooks.

BROOKS
ENGLAND
Tote Pan

Continental

Bedien-
elemente

Lenker

Die generelle Form des Rennlenkers mit gebogenen Griffen hat sich längst bewährt. Die Normalbreite beträgt 42 cm (was je nach Hersteller an den Außenseiten der Lenkerenden oder von Mitte zu Mitte gemessen wird), es sind aber Breiten von 38 bis 48 cm erhältlich. Verwende am besten einen Lenker, der ebenso breit ist wie deine Schultern. Der Reach, also die „Tiefe" oder Griffweite des Lenkers, variiert derweil je nach Modell um bis zu 30 mm. Wenn du dir einen neuen Lenker zulegst, kann das deine Fahrposition erheblich verändern. Finde eine Form, mit der du gut zurechtkommst, und verwende sie dann für alle deine Räder.

Generell bieten schmalere Lenker weniger Hebelwirkung, was aber auch von der Physiologie abhängt und je nach Disziplin angeglichen werden kann. Querfeldeinrennen erfordern bessere Kontrolle auf technisch anspruchsvollen Strecken, insofern ist ein breiterer Lenker sinnvoll, der auf Richtungsänderungen schnell reagiert. Bahnfahrer bevorzugen vor allem für den Sprint Modelle, die besonders belastbar sind und einen extremen Drop – also einen großen Abstand zwischen Ober- und Unterlenker – aufweisen, um eine tiefe, kraftvolle Sitzposition zu ermöglichen. Ältere Lenker gibt es in etlichen Größen, und jeder von ihnen muss mit dem passenden Vorbau verbaut werden; allerdings gilt ein Durchmesser von 25,4 mm inzwischen als ISO-Norm für den Klemmbereich des Lenkerbügels. Weit verbreitet sind aber auch noch Lenker mit 31,8 mm, die gut zur modernen Oversize-Bauweise von Rahmenrohren und Gabeln passen.

Die Formen des geschwungenen Teils des klassischen Rennlenkers unterscheiden sich je nach Hersteller erheblich. Es gibt sie mit flachem und mit tiefem Drop. Während sich die meisten Straßenrennfahrer für einen Lenker mit geringem Drop entscheiden, bevorzugen Fahrer, die längere Arme haben oder größer sind (meistens Sprinter), einen stärkeren Drop, der eine kraftvolle Unterlenkerhaltung ermöglicht. Solltest du feststellen, dass du den Unterlenker kaum nutzt, verwendest du möglicherweise einen für dich ungeeigneten Lenker.

ERGOBEND-LENKER

Dieser Lenker ist im Bogen unterhalb der Bremsgriffe etwas abgeflacht und gewährleistet dadurch eine etwas bequemere Griffhaltung als ein runder Lenker. Bei der Montage ist unbedingt darauf zu achten, dass die Bremsgriffe mit den Fingern noch problemlos zu erreichen sind. Die Hebelgeometrie wurde in den letzten Jahren verändert, um verschiedenen

Oben: Carbonlenker von Edge.
Unten: Aluminiumlenker von Deda.

Lenkerformen Rechnung zu tragen und leichteren Zugang zu den Brems- und Schalthebeln zu ermöglichen. Sind die Bremsgriffe zu weit oben montiert, kann es sein, dass du sie in der Unterlenkerhaltung nicht mehr erreichst. Es gibt zahlreiche Modelle für alle erdenklichen Handgrößen und mit unterschiedlichem Drop. Probiere verschiedene aus, bevor du dich endgültig entscheidest.

LENKER-VORBAU-EINHEIT

Einige Hersteller bieten Lenker-Vorbau-Einheiten aus Carbon an. Prominente Beispiele sind der Cinelli RAM und der Deda Alanera. Ich persönlich halte von diesen Einheiten nicht viel. Zum einen ermöglichen sie keine Feinjustierung der Lenkerstellung, zum anderen sind sie ziemlich teuer. Interessanterweise sind sie auch schwerer als ein normaler Aluminiumlenker mit separatem Vorbau. Das gilt auch für Carbonlenker, die nur sehr wenige Vorteile hinsichtlich der Performance bieten und im Klemmbereich leicht verkratzen. Und wenn sie versagen, hat das meist verheerende Folgen.

STURZSCHÄDEN

Carbonlenker müssen im Falle eines Sturzes in der Regel ausgetauscht werden. Je nach Schwere des Aufpralls sollten auch Aluminiumlenker nach einem Crash eingehend untersucht werden. Der Vorbau ist meistens noch zu gebrauchen, sodass nur der Lenker ersetzt werden muss. Es ist schwierig, das ganze Ausmaß des Schadens einzuschätzen, wenn sich der Lenker unter einer Schicht Lenkerband verbirgt. Nimm den Lenker nach einem Malheur also wirklich genau unter die Lupe. Denn insbesondere inmitten eines größeren Fahrerfelds oder auf einer Abfahrt ist ein Lenkerbruch eine beängstigende Erfahrung.

Ganz oben: Aluminiumlenker Deda Newton Oversize mit klassischem Drop.

Oben: Carbonlenker von Edge mit etwas experimentellerer Biegung.

Rechte Seite: Ein Deda Newton mit passendem Vorbau. Die Befestigung mit vier Schrauben sorgt für eine gleichmäßige Verteilung der Klemmkräfte.

Deda
ELEMENTI
TRIPLE BUT
Ø 31,7 mm
NEWTON
SHALLOW

Ahead-Vorbauten

Ahead-Vorbauten gibt es in vielen Formen und Größen. Gegenüber der ursprünglichen Bauform mit Schaft haben sie den Nachteil, dass sich die Lenkerhöhe nicht stufenlos einstellen lässt. Stattdessen sind Spacer nötig, um den ganzen Aufbau höher zu legen, was allerdings schwierig ist, solltest du den Gabelschaft gekürzt haben. Die Vorbauten sind mit verschiedenen Winkeln erhältlich und können gegebenenfalls umgedreht werden, falls die Lenkerposition zu niedrig ist. Oval Concepts hat Vorbauten mit zahlreichen Längen und Winkeln im Sortiment, u.a. auch ein verstellbares Modell, mit dem verschiedene Setups möglich sind.

Die Auswahl an Vorbauwinkeln ist heutzutage begrenzt, und jeder Hersteller gibt unterschiedliche Empfehlungen aus. Am gängigsten sind Winkel von 6 bis 10° Neigung. Wenn du den Lenker ein paar Zentimeter höher legen möchtest, ohne den Vorbau umzudrehen, kannst du dir mit einem 0°-Vorbau helfen. Diese vor allem im Mountainbikebereich übliche Ausführung kann normalerweise problemlos mit 31,8mm-Rennlenkern verbaut werden.

Die Standard-Vorbaulänge beträgt zwischen 50 und 150 mm. Sei vorsichtig, denn extrem lange oder kurze Vorbauten können das Handling erheblich beeinträchtigen. Weniger als 90 mm bewirken eine spürbar nervösere Steuerung, während diese bei mehr als 130 mm deutlich schwerfälliger reagiert. Manche Profis bevorzugen eine extrem gestreckte Sitzposition und benutzen daher einen 140mm- oder sogar 150mm-Vorbau. Das macht das Rad sehr lang und sorgt für eine ganz andere Gewichtsverteilung, was sich nur diejenigen zumuten sollten, die damit umgehen können. Falls du das Gefühl hast, zu gestreckt auf dem Rad zu sitzen, solltest du dir noch einmal den Abschnitt über die richtige Einstellung des Sattels ab Seite 118 anschauen. Aber wenn dein Rad einen kurzen Vorbau verlangt und zu hoch ist oder wenn es einen langen Vorbau braucht und der Lenker zu tief liegt, ist das ein sicheres Zeichen dafür, dass dein Rad die falsche Größe hat. Für Frauen empfiehlt sich unter Umständen ein wesentlich kürzerer Vorbau als für Männer. In Verbindung mit einem kleineren Rad mit angepasster Geometrie ergibt sich daraus ein einwandfreies Handling.

Ich bevorzuge Vorbauten aus geschmiedetem Aluminium (wie die hier gezeigten von Deda Elementi oder Pro) mit einer Vierfachklemmung für den Lenker und einer Doppelklemmung, um den Vorbau am Gabelschaft zu fixieren. Carbonvorbauten sehen zwar gut aus (und sind dementsprechend teuer), bestehen aber meistens aus einem Aluminiumkern mit einer äußeren Hülle aus Carbon. Die Gewichtsersparnis beträgt nur 10 bis 20 g, die Performance-Vorteile sind also gering.

Rechte Seite von oben nach unten: Aluminiumvorbau ProComponent PLT, Carbonvorbau Edge Composite, ein geschmiedeter und CNC-gefräster Newton 31 von Deda Elementi.

DREHMOMENTSCHLÜSSEL

Carbonvorbauten und -lenker müssen sorgfältig montiert und justiert werden. Sämtliche Hersteller geben die korrekten Anzugsmomente für Schrauben und Klemmungen an, mit denen Lenker und Vorbau fixiert werden. Benutze stets einen Drehmomentschlüssel, um den Vorbau zu justieren, und achte darauf, dass der Spalt zwischen Klemmung und Vorbau gleichmäßig ist. Falls die Klemmung in irgendeiner Weise schief montiert ist, kann das Carbon beschädigt werden und im schlimmsten Fall sogar brechen. Ebenso können sich Kratzer in der Oberfläche auf die Integrität des Materials auswirken. Sei also vorsichtig und überprüfe regelmäßig den Zustand des Carbons.

Lenkerband

Der frühere Verfolgungsweltmeister und Sechstage-Star Tony Doyle war angeblich äußerst penibel, wenn es um sein Lenkerband ging. Wenn es nicht genau so gewickelt war, wie er es haben wollte, ließ er es umgehend erneuern, notfalls wenige Minuten vor seinem nächsten Start. Die meisten heutigen Profis sind genauso besessen. Alles muss präzise gewickelt und in jeglicher Hinsicht sauber und gleichmäßig sein. Nichts verdirbt ihnen so gründlich die Laune wie ein nachlässig umwickelter Lenker.

Lange Zeit bestand Lenkerband aus schlichtem Leinen oder Baumwolle. Das war nicht besonders bequem, dafür hielt es ziemlich lange, und selbst Profis begnügten sich damit, es nur ein Mal im Jahr zu erneuern. Dann kamen die 1980er, alles wurde bunter, und Lenkerband von Benotto war der letzte Schrei. Das metallisch glänzende Zeug sah ohne Zweifel verdammt scharf aus und war auch bei den Amateuren das entscheidende Merkmal, das den wahren Kenner von den Kollegen unterschied, die banales Stoffband benutzten oder – die absolute Todsünde – alberne Schaumstoffbezüge.

Was Grip und Polsterung betraf, war Benotto vollkommen unbrauchbar. Sobald die Hände durchgeschwitzt waren, rutschten sie unweigerlich ab, sodass griffige Handschuhe unumgänglich waren. Aber das war uns damals natürlich egal. Was für Hinault & Co. gut genug war, konnte für uns schließlich nicht schlecht sein. Das Beste: Es war relativ billig und damit so ziemlich das einzige Teil am Rad, mit dem wir ein wenig herumexperimentieren konnten, ohne den professionellen Look unserer Maschinen zu beeinträchtigen. Und weil es Benotto in unzähligen Farben gab, konnte man Lenker und Turbosattel sogar farblich aufeinander abstimmen. Und sei es in neongrün.

Als gepolstertes Lenkerband immer beliebter wurde, kam das dünne Benotto-Band bald aus der Mode. Cinelli brachte 1986 ein edles Korkband heraus, das sich vor allem auf dem Kopfsteinpflaster von Flandern und Roubaix bewährt hat. Es wird auch heute noch hergestellt, was seine Popularität unterstreicht.

Mittlerweile gibt es Lenkerband in allen möglichen Farben, Formen und Beschaffenheiten, probiere also verschiedene Sorten aus. Eine frische Wicklung macht sich an einem sauberen Rad immer gut – ein Profi würde sich niemals mit dreckigem Lenkerband auf die Straße wagen.

Das selbstklebende Lederband von Brooks ist noch nicht lange auf dem Markt, verleiht dem Rad aber eine klassische Erscheinung und wird mit dem Alter sogar noch besser. Das Band ist in einer Vielzahl gediegener Farbvarianten erhältlich.

DIE RICHTIGE FARBE

Die Wahl des Lenkerbands ist eine Sache des persönlichen Geschmacks. Dementsprechend groß ist die Auswahl an verschiedenen Farben. Meiner Meinung nach sollte die Farbe so dezent wie möglich gehalten sein, weswegen ich persönlich weiß und schwarz bevorzuge. Wenn du meinst, dass dein Rad einen Farbtupfer vertragen könnte, solltest du auf jeden Fall darauf achten, dass die Lenkerband- und Sattelfarbe übereinstimmen. Nicht in jedem Fall eine gute Idee ist es hingegen, das Lenkerband der Lackierung angleichen zu wollen. Wenn die Farben nicht absolut perfekt übereinstimmen, sieht es einfach grässlich aus. Egal, für welches Band du dich letztlich entscheidest, es sieht immer nur so gut aus, wie es gewickelt ist. Das solltest du also ein bisschen üben.

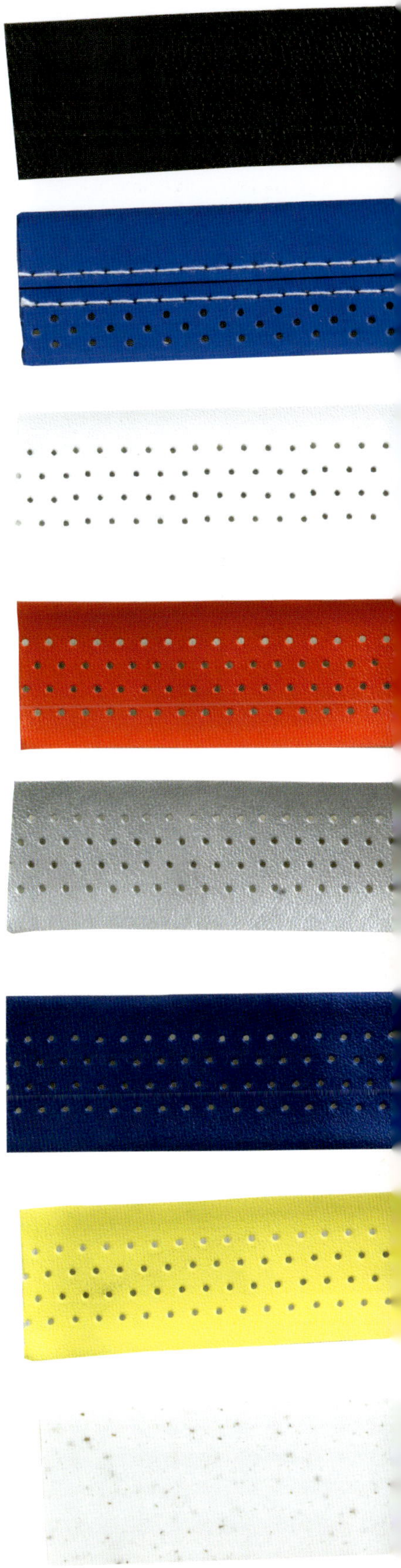

Rechts: Die Auswahl an Lenkerbandsorten und -farben ist quasi unbegrenzt. Neuere Varianten arbeiten mit dämpfenden Gelschichten, die unter dem Band angebracht werden. Normalerweise reichen die Standardvarianten aber vollkommen aus. Zudem sind sie zu einem Preis zu haben, der es ermöglicht, das Band zu wechseln, sooft Abnutzung und Verschleiß es erforderlich machen.

Integrierte Brems- und Schalthebel

Eine der wichtigsten Neuerungen der letzten 20 Jahre war die Entwicklung kombinierter Brems-Schalthebel. Es hat eine Weile gedauert, bis es möglich war, Schalt- und Bremsvorgang mit nur einem Hebel zu steuern, und es hat im Laufe der Zeit verschiedene Ansätze gegeben. Als Resultat von mehr als 20 Jahren Entwicklungsarbeit sowie ständiger Überarbeitungen und Änderungen kommen wir heute in den Genuss dreier hervorragender Systeme: Shimano, SRAM und Campagnolo. Das Bestreben, das Fahrrad um immer neue technische Feinheiten zu erweitern, kann also durchaus eine gute Sache sein. Rennräder sind heute besser denn je, und der Wettlauf der Hersteller um das entscheidende Ritzel mehr hat für die Perfektionierung des Schaltvorgangs eine wichtige Rolle gespielt.

Während der 1980er experimentierten die großen Unternehmen mit Indexschaltungen und zusätzlichen Ritzeln, und Shimano konnte mit dem SIS-System (Shimano Index Shifting) einen großen Erfolg verbuchen. Während viele Traditionalisten sich immer noch mit stufenloser Reibungsschaltung herumschlugen, setzten Räder mit Shimano-Komponenten in Sachen Gewicht und Bedienkomfort neue Maßstäbe. Campagnolos Antwort war das Syncro-Shift-System, das – vorsichtig formuliert – etwas rustikaler daherkam. Die Ingenieure schienen nicht in der Lage zu sein, ihre in die Jahre gekommene Technologie auf den neuesten Stand zu bringen.

Nachdem man bereits das Konzept der Indexschaltung erfolgreich umgesetzt hatte, stellte Shimano 1990 mit dem STI-System (Shimano Total Integration) eine weitere bahnbrechende Neuerung vor, die nun den Brems- und Schaltvorgang mit einem Bedienelement ermöglichte. Mit der Dura-Ace-7400-Serie lief der japanische Branchenriese seinem italienischen Konkurrenten endgültig den Rang ab. Campagnolo tat sich schwer damit, das wegweisende System, das sich im Profibereich in Windeseile durchsetzte, zu kopieren. Nachdem sie auf dem MTB-Markt so kläglich gescheitert waren, hatten die Italiener möglicherweise vorübergehend den Blick für das Wesentliche verloren. Wohl aus dieser Erkenntnis heraus machten sie sich daran, ihre Rennradgruppen komplett neu zu erfinden. Das Ergebnis war die 1992 vorgestellte Ergopower-Technologie. Der Schaltvorgang funktionierte mit ihr nicht ganz so leichtgängig wie mit dem STI-System, dafür arbeitete sie mit verborgenen Schaltzügen und stellte eine erhebliche Verbesserung gegenüber allem dar, was Campagnolo bis dahin auf den Markt gebracht hatte.

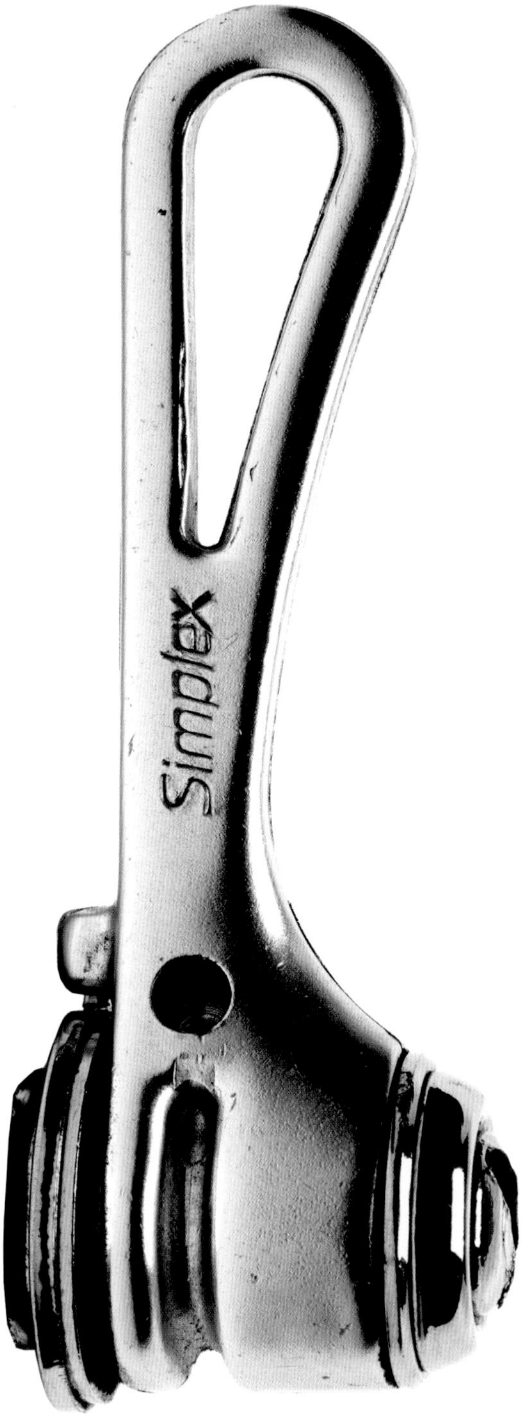

Unterm Strich hatten beide Hersteller erstaunliche Ergebnisse erzielt. Radfahrer waren nun in der Lage, mit minimalem Aufwand zu schalten, ohne die Hände vom Lenker nehmen zu müssen. Und endlich war es möglich, gleichzeitig zu schalten und zu bremsen, was wertvolle Sekunden sparte und Abfahrten und Sprints erheblich sicherer machte. Radfahren war noch nie so einfach gewesen.

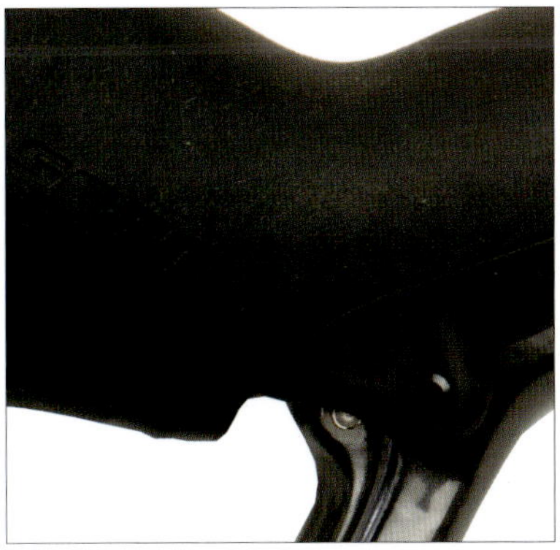

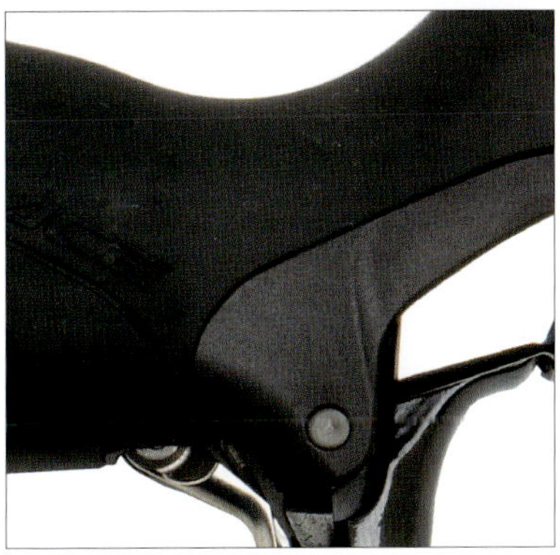

NICHT KOMPATIBEL?

Shimano brauchte viele Jahre, um bei der Tour de France zu gewinnen. 1999 schafften sie es schließlich mit ihrer Dura-Ace-Gruppe, die technisch sehr fortgeschritten und rund um die Schnittstelle von Mensch und Maschine herum angelegt war. Schaltung, Bremsen, Pedale und sogar die Kette waren jeweils als ein Teil einer einheitlichen Komponenten-Familie konzipiert worden. Das war Shimanos oberstes Ziel gewesen, als sie 1973 die erste Dura-Ace-Gruppe vorgestellt hatten. Die Philosophie des Unternehmens zielte immer auf eine vollkommen ganzheitliche Komponenten-Gruppe ab.

Heutzutage ist das fast schon die Norm, aber in den 1970er Jahren erschien die Idee, alle Komponenten von einem Hersteller zu beziehen, geradezu bizarr. Damals baute man ein Rad aus mehr oder weniger kompatiblen Teilen zusammen, die man sich von überallher zusammensuchte. Für die meisten Dinge gab es Standardgrößen (außer für Rahmen und Gewinde), es war also nicht ungewöhnlich, an einem einzigen Rad französische, britische, spanische, italienische und sogar japanische Komponenten zu finden. Mechaniker hatten vor allem die Aufgabe, Anpassungen und Modifikationen vorzunehmen, und brauchten eine komplette Werkstatt, um ein neues Rad aufbauen zu können. Heutzutage benötigt man nicht mehr als ein paar spezielle Werkzeuge und Inbusschlüssel, um ein Rad zum Rollen zu bringen.

Es ist leider so, dass Campagnolo nicht mit Shimano funktioniert und umgekehrt. Du musst dir also ein paar Gedanken machen, bevor du ein neues Rad aufbaust. Hast du z.B. Laufräder von Campagnolo, macht es keinen Sinn, sich die neueste SRAM-Red-Gruppe zu besorgen. Andererseits kann man sich darauf verlassen, ein wunderbar funktionierendes Rad zu erhalten, wenn man sich auf diesen ganzheitlichen Ansatz einlässt. Das haben wir dem japanisch-italienischen Konkurrenzkampf der 80er Jahre zu verdanken.

Campagnolo 11-fach Ultra Shift

Campagnolos zweiter Pluspunkt neben der Einführung des (durchaus umstrittenen) elften Ritzels ist schon seit der Erfindung der Ergopower-Technologie die Möglichkeit, vom Lenker aus in einem Schritt über mehrere Übersetzungen zu schalten. Die neue 11-fach Ultra Shift erlaubt es, die Kette in einem Zug bis zu drei Ritzel hinauf- und bis zu fünf Ritzel herunterzuschalten. Der Schaltvorgang erfolgt über zwei verschiedene Mechanismen: das Hinaufschalten über einen unter dem Bremshebel angebrachten Hebel, das Hinunterschalten mit einer Taste an der Innenseite des Griffkörpers.

Während Shimanos STI, bei dem stets mehrfaches Drücken erforderlich war, also noch einen Nachteil gegenüber Rahmenschaltungen aufwies, mit denen man in einem Schritt über mehrere Gänge schalten konnte, hatte es Campagnolo mit der Ergopower-Technologie also geschafft, sich dieses Mankos zu entledigen. Das beste Argument für die integrierten Brems-Schalt-Hebel der Italiener war aber, dass verschlissene Teile ersetzt werden konnten und die Komponente dadurch langlebiger war. Das STI hingegen war im Prinzip ein Wegwerf-Produkt. War es einmal kaputt, konnte man es gleich entsorgen.

Campagnolos System lässt sich an unterschiedliche Handstellungen anpassen. Die Hebel können an verschiedenen Punkten des Lenkers angebracht werden, ohne den leichten Zugriff auf die Schalthebel oder die Griffweite der Bremsen zu beeinträchtigen. Fahrer mit kleinen Händen entscheiden sich in der Regel eher für Campagnolo als für Shimano, allerdings sind beide Systeme nicht unbedingt mit Blick auf Frauen entwickelt worden.

Genau wie Shimano hat Campagnolo die Gestaltung der Hebel bereits drei Mal überarbeitet. Das ursprüngliche Modell war ziemlich groß, um den ganzen Mechanismus unterzubringen und längere Hebel zu ermöglichen. Weil die kleineren Schalthebel recht schwergängig ansprachen, wurden auch die Bremsen neu konzipiert und eine direktere Zugführung entwickelt. Als Nächstes wurde an der Ergonomie gearbeitet und das System verschlankt: Der Mechanismus wurde insgesamt kleiner, und die Bremshebel (zumindest der Record-Gruppe) wurden nun aus Carbon gefertigt. Das Ganze sah etwas filigraner aus und wirkte sich auch bei dauerhaftem Bremsen weniger ermüdend auf die Finger aus. Vor allem aber konnte eine Menge Gewicht eingespart werden. Schließlich bauten die Italiener noch ein paar zusätzliche Schalter hinzu, mit denen ihr integrierter Radcomputer mit dem seltsamen Namen Ergobrain bedient wird.

Die neueste Generation liegt besser in der Hand. Bremse und Schaltung sprechen besser an und arbeiten noch leichtgängiger und effektiver als zuvor. Darüber hinaus sorgen die größeren, ergonomisch geformten Auflageflächen für eine natürlichere Fahrposition. Paradoxerweise sieht das Ganze nicht unbedingt nach einem klassischen Campagnolo-Design aus. Etwas weniger wäre in diesem Fall vielleicht mehr gewesen.

Die Reaktionen auf die neuen Ergopower-Hebel waren gemischt. Campagnolo hatte den Schritt zu 11-fach-Schaltungen gewagt, so wie Shimano erste Versuche mit elektrischen Schaltungen unternommen hatte. Aber geht dieser Technologiewahn nicht ein bisschen zu weit? Das zusätzliche Ritzel und die völlige Inkompatibilität mit anderen Laufradsätzen oder Komponentengruppen könnten sich für Campagnolo als Eigentor herausstellen.

Gewicht: 338 g (Herstellerangabe)

Materialien: Schalt- und Bremshebel aus Carbon, Mechanik teilweise aus Titan

Gänge: 11-fach-Kassette mit Zweifach-Kettenblatt (auch Dreifach erhältlich)

Kompatibilität: ausschließlich Campagnolo 11-fach-Gruppen

11
SUPER RECORD

Shimano Dura-Ace 7900

Shimano-Schalthebel unterscheiden sich in einem wesentlichen Punkt von den Modellen der Konkurrenten SRAM und Campagnolo: Das Hinaufschalten der Kette auf ein größeres Ritzel bzw. Kettenblatt erfolgt mit dem Bremshebel, während das Herunterschalten über einen zweiten, darunter liegenden Hebel gesteuert wird. Der Haupthebel ist länger als bei jedem der Konkurrenzmodelle, was erhebliche mechanische Vorteile bringt. Einer der großen Pluspunkte des Systems von Shimano ist die Möglichkeit, gleichzeitig schalten und bremsen zu können, denn der Hebel lässt sich simultan nach hinten und seitwärts bewegen. Auf den ersten Blick scheint das keine große Sache zu sein, doch es erweist sich in bestimmten Situationen als klarer Vorteil.

Im Ergebnis gestaltet sich das Schalten schneller und müheloser als jemals zuvor. Der lange Hebel sorgt außerdem für einen besonders weichen Schaltvorgang, sodass das eigentliche Einrasten der Gänge kaum wahrnehmbar vonstatten geht. Der kleinere Downshift-Hebel gerät hinter dem großen Bremshebel fast ein wenig in Vergessenheit, und wenn man im Winter mit dickeren Handschuhen unterwegs ist, kann die Bedienung eine ziemliche Fummelei sein. Trotzdem gibt es bislang kein anderes System, das so reibungslos funktioniert. So reibungslos sogar, dass man sich manchmal nicht einmal sicher ist, ob man überhaupt geschaltet hat.

Dura-Ace ließ sich seit jeher nur innerhalb seiner eigenen Komponentenfamilie anwenden, ist somit nur mit der eigenen Gruppe kompatibel. Das Schalten funktionierte also oft nur mit Dura-Ace-Schaltwerken, deren Geometrie speziell für den Profibereich entworfen worden war. Wollte man also eine komplette Shimano-Schaltung mit allem Pipapo haben, bedeutete das eine ziemliche Investition, was sich natürlich nicht jeder leisten konnte. Als ein weitaus größeres Problem stellte sich aber die im Vergleich zu Campagnolo geringere Wartungsfähigkeit der Shimano-Schaltungen heraus. Waren sie erst einmal verschlissen, waren sie nicht mehr zu gebrauchen.

STI ermöglichte es, nach und nach die Anzahl der Ritzel zu erhöhen. 2003 vollzog auch Shimano den Sprung zum zehnten Zahnkranz (Campagnolo war ausnahmsweise schneller gewesen). Den für die zusätzlichen Ritzel erforderlichen Platz hatte man geschaffen, indem sowohl die Nabe als auch die Schalthebel neu konzipiert wurden (siehe „Naben“, Seite 78). Unterm Strich bleibt aber festzuhalten, dass die wilde Entschlossenheit von Shimano, das gesamte Rad ausschließlich mit eigenen Komponenten auszustatten, nur zulasten der Langlebigkeit realisiert werden konnte. Um eine immer leichtgängigere Schaltung zu ermöglichen, wurde das Material bis an seine Grenzen ausgereizt. Wenngleich das System als Ganzes also wunderbar funktioniert, bleibt immer die Frage: Für wie lange?

Wie auch bei den neuesten Modellen von Campagnolo und SRAM werden die Bremszüge unter dem Lenkerband verlegt. Das ist aber nicht die einzige Verbesserung: Mittels einer Justierschraube kann die Griffweite der Hebel für Fahrer mit kleineren Händen und kürzeren Fingern individuell eingestellt werden, und das neue, ergonomischere Design der Griffkörper bietet wesentlich besseren Komfort als frühere Varianten. Dadurch ergibt sich ein sauberes, schnörkelloses Erscheinungsbild. Shimano ist es damit gelungen, die Ergonomie zu verbessern, ohne die charakteristisch leichtgängigen Schalteigenschaften zu beeinträchtigen, und braucht sich auch in puncto Form und Funktion nicht vor der Konkurrenz zu verstecken.

Nach wie vor problematisch ist die große Menge an Verschleißteilen, denn wo viele Elemente gebraucht werden, kann unter Umständen auch viel kaputtgehen. Gleichwohl erfüllt jedes einzelne Bauteil seinen Zweck und trägt zur Funktionalität des Systems bei. Schließlich geht es bei Dura-Ace, wie die Japaner selbst sagen, um das Streben nach Perfektion.

Gewicht: 379 g (Herstellerangabe)

Materialien: Bremshebel aus Carbon, Schrauben und Schellen aus Titan

Gänge: 10-fach-Kassette mit Zweifach-Kettenblatt

Kompatibilität: Shimano 10-fach-Schaltwerke, -Ritzel und -Ketten

DURA-ACE
DURA-ACE

SRAM Red

SRAM ist ein interessantes Unternehmen, das 1987 durch den Zusammenschluss mehrerer alteingesessener und renommierter Firmen entstand und sich mittlerweile zu einem der Marktführer für Fahrradkomponenten entwickelt hat. 1997 übernahm SRAM die traditionsreiche deutsche Firma Sachs, die auf eine lange Geschichte im Radsport zurückblicken konnte und wohl mehr Zahnkränze und Ketten produziert hat als irgendjemand sonst.

Wenn man von SRAM spricht, kommt man am Thema Mountainbike nicht vorbei, das seit jeher die Spezialität des Unternehmens war. Aus dem Weltcupgeschehen der Offroad-Spezialisten ist SRAM schon seit langem nicht mehr wegzudenken, und eins ist sicher: Bremsen und Schalten ist wohl nirgendwo sonst so entscheidend wie bei den waghalsigen Fahrten durchs Gelände. Sämtliche Bedienelemente werden vor allem im Hinblick auf Handling und Sicherheit konzipiert, und genau das gilt natürlich auch für die Grip-Shift-Drehschalter von SRAM.

SRAM hat eine Weile gebraucht, um auf dem Rennradmarkt Fuß zu fassen, nun aber in kurzer Zeit eine Menge Boden gegenüber den beiden Marktführern gutgemacht. 2006 wurde gleich mit einer der ersten Gruppen ein Hebel vorgestellt, der den Modellen von Campagnolo und Shimano ergonomisch überlegen war. Weil SRAM weniger Teile im Hebelgehäuse unterzubringen hatte, steckte man eine Menge Entwicklungsarbeit in die Ergonomie. Heraus kam ein kompaktes Modell, das sich für sämtliche Handhaltungen und -größen eignet.

Statt die Dinge noch weiter zu verkomplizieren, hat SRAM die Konstruktion innerhalb des Gehäuses vereinfacht. Mit dem „Double Tap“-System reicht ein einziger schwenkbarer Hebel, um sämtliche Schaltvorgänge durchzuführen: Ein kurzer Klick bewirkt den Kettenwechsel auf das nächstkleinere Ritzel bzw. Kettenblatt, ein längeres Drücken schaltet die Kette herauf. Das Ganze wurde mit nur wenigen beweglichen Teilen realisiert. Der Bremshebel arbeitet dadurch unabhängig vom Schalthebel, was die Bremseffektivität erheblich verbessert.

Der einzelne Hebel ermöglicht mehrere Handpositionen beim Schalten, und wenngleich die Technik für bisherige Campagnolo- und Shimano-Benutzer zunächst ungewohnt ist, funktioniert sie intuitiv und präzise. Zudem gibt es weniger Kompatibilitätsprobleme mit Laufrädern und Kassetten nach ISO-Norm als bei Campagnolo. Kurzum, das „Double Tap“-System ist ein wenig gewöhnungsbedürftig, stellt aber nichtsdestotrotz eine echte Alternative zu den Schaltungen aus Italien und Japan dar und ist zudem wesentlich leichter.

Gewicht: 280 g

Materialien: Schalt- und Bremshebel aus Carbon, Mechanik aus Titan und Aluminium

Gänge: nur 10-fach-Kassetten mit Zweifach-Kettenblatt

Kompatibilität: alle Rennradschaltwerke von SRAM und 10-fach-Kassetten und -Ketten nach ISO-Norm (also Shimano, aber nicht Campagnolo)

Red

Traditionelle Brems- und Schalthebel

Es kann durchaus sinnvoll sein, für bestimmte Sonderanfertigungen und Situationen auf althergebrachte Brems- und Schalthebel zurückzugreifen. Viele von ihnen funktionieren ziemlich gut, und hinsichtlich Materialtechnologie und Design wird die gleiche Sorgfalt angewandt wie auf die allerneuesten und modernsten Komponentengruppen. Das ist auch gut so, denn nicht alle Räder sind für den gleichen Einsatzzweck vorgesehen. Für einen Rennlenker entwickelte Komponenten z.B. wären für ein Zeitfahrrad, das aufgrund der spezifischen Sitzposition eine ganz andere Lenkerform erfordert, vollkommen unbrauchbar.

RAHMENSCHALTUNG

Wenngleich die meisten heute Ergopower, Double Tap oder STI verwenden, gibt es immer noch ein paar Fahrer, die die Schlichtheit und unkomplizierte Bedienung separater Bremsgriffe und am Unterrohr angebrachter Schalthebel zu schätzen wissen. Das Schalten fühlt sich etwas „direkter" an, und durch die einfachere Zugverlegung tritt weniger unerwünschte Reibung auf. Rahmenschaltungen verleihen einem Rad nicht nur klassischen Charme, sondern sind auch einfach zu warten und in der Regel recht langlebig. Deswegen können sie gerade an einem Alltags- oder Trainingsrad durchaus sinnvoll sein.

FLATBAR-SCHALTHEBEL

Für gerade Lenker werden spezielle Schalthebel verwendet, die eine bequemere, aufrechte Sitzposition unterstützen und auf gleiche Weise funktionieren wie diejenigen an Mountainbikes. Meistens arbeiten sie separat von den Bremshebeln, Campagnolo hat aber ein System entwickelt, das Brems- und Schalthebel kombiniert. Dass es für solche Lösungen durchaus einen Markt gibt, zeigt die Tatsache, dass Flatbar-Hebel für alle High-End-Gruppen der großen Hersteller erhältlich sind.

LENKERENDHEBEL

Nachdem diese Variante von Campagnolo entwickelt und in den 1950er Jahren von vielen Profis verwendet worden war, wurde sie später zum festen Bestandteil ganzer Generationen von Querfeldeinrädern. Der große Vorteil ist, dass sich

Von oben nach unten: Shimano Dura-Ace Rahmenschaltung, SRAM Flatbar-Schalthebel und Shimano Lenkerendhebel (die mit Adapter auch als Daumenschalter für Flatbars verwendet werden können).

die Schalthebel nah bei den Händen am Ende der Lenkergriffe befinden. In den letzten zehn Jahren haben Lenkerendhebel im Zeitfahrbereich eine Art Renaissance erlebt, denn sie lassen sich recht gut am vorderen Ende des Aerolenkers anbringen. Weil die Lenker und Aeroaufsätze durch die Griffe verlängert werden, müssen sie zum Teil individuell auf den Fahrer zugeschnitten werden. Um den aerodynamischen Vorteil zu maximieren, werden die Züge unter dem Lenkerband verlegt oder direkt durch den Lenker gezogen.

AERO-BREMSHEBEL

Aero-Bremshebel machten es möglich, die Bremszüge innen zu verlegen, sodass sich die Fahrer nicht mehr mit lästigen Kabeln herumschlagen mussten. Sie tauchten Ende der 80er in der Rennradszene auf und setzten sich dank des zusätzlichen Komforts, den sie boten, rasch in der Profiszene durch. Heute sind Aero-Bremshebel besonders an Singlespeedern und Fixies verbreitet.

ZEITFAHR-BREMSHEBEL

Eine weitere ältere Idee, die für den Zeitfahrbereich neu aufgelegt wurde. Ebenso wie bei den vergleichbaren Schalthebeln werden die Züge unter dem Lenkerband oder durch den Lenker verlegt, um den maximalen aerodynamischen Nutzen zu erzielen.

Von oben nach unten: Vor allem für Zeitfahren konzipierter Lenkerendhebel von SRAM, Standard-Bremshebel von Campagnolo (ohne Schaltfunktion) und ein Bremshebel für Zeitfahrlenker von SRAM.

Bremsen

„Campagnolo, SRAM und Shimano verwenden verschiedene Varianten des Dual-Pivot-Systems, bei dem mit nur geringem Druck auf die Bremshebel beträchtliche Kraft auf die Felge aufgebracht wird. Das Resultat ist eine erheblich verbesserte Bremskraft und Dosierbarkeit."

Rennradbremsen waren früher ein schlechter Witz. Sie basierten auf einfacher Reibung zwischen den Bremsgummis und der Felge und mussten mit jeder erdenklichen Witterung zurechtkommen. Die miese Qualität der Komponenten machte sich gerade auf langen Abfahrten bemerkbar, auf denen die Bremsen schwer zu handhaben waren und schnell „abbauten", wenn sie heiß liefen. Das Bremsen war anstrengend und ineffektiv und verursachte darüber hinaus auch noch schmerzende Hände.

Die Rahmen hatten früher mehr Reifenfreiheit, also brauchten die Bremsen längere Arme. Das war problematisch, weil sich die Bremsen aufgrund der größeren Hebelkräfte lockern konnten. Als die Rennrahmen schnittiger wurden, mussten die Bremsen entsprechend angepasst werden. Campagnolo entwickelte eine verkleinerte, einfachere Variante, die sauberer arbeitete und robuster war. Das schwächste Glied im ganzen System, der Bremshebel, blieb aber unverändert. Ungünstige Zugverlegung und mangelnde Rückführung vermittelten den Fahrern das Gefühl, einen Großteil der Kraft mit den Fingern auf die Felge zu übertragen.

Als es in den 80er und 90er Jahren in Mode kam, die Bremszüge verborgen zu verlegen, wurde das Design der Bremshebel mehrfach überarbeitet. Suntour und Shimano entwickelten Hebel mit Rückholfedern, und bald waren auch bessere Bremszüge erhältlich (insbesondere dank Shimanos SLR-Kabelsystem mit reibungsmindernder Innenhülle aus Kunststoff). Durch am Oberrohr angelötete Führungen konnte auf ein Teil der Außenhülle, die für zusätzliche Reibung sorgte, verzichtet werden.

Im Laufe der Jahre sind etliche Varianten von Felgenbremsen ausprobiert worden: Mittelzugbremsen, Cantilever-Bremsen, die Para-Pull von Shimano und die schöne, aber nicht ganz fehlerfreie Delta-Bremse von Campagnolo. Glücklicherweise wurden in den letzten Jahrzehnten immer effektivere Bremsen entwickelt. Campagnolo, SRAM und Shimano verwenden verschiedene Varianten des Dual-Pivot-Systems, bei dem mit nur geringem Druck auf die Bremshebel beträchtliche Kraft auf die Felge aufgebracht wird. Das Resultat ist eine erheblich verbesserte Bremskraft und Dosierbarkeit.

Shimano und Campagnolo haben sich schon immer darauf verstanden, hervorragende Bremsarme herzustellen. Die besten Rennradbremsen werden aus kaltgeschmiedetem Aluminium gefertigt. Damit ist es möglich, filigrane Bremsarme zu arbeiten, ohne dass die Materialfestigkeit beeinträchtigt wird. Moderne Bremsen weisen ein geringes Bremsmaß von nur noch 40 bis 50 mm auf (die Schenkellänge gemessen vom Befestigungsbolzen zur Mitte des Bremsschuhs).

Immer größere Verbreitung finden inzwischen CNC-gefräste Bremsen, die sehr leicht sein können (um die 190 g pro Paar) und ganz anders aussehen als die Modelle von Shimano, SRAM und Campagnolo. Das Problem ist, dass sie nicht die gleiche strukturelle Integrität wie geschmiedete Bremsarme aufzuweisen scheinen und meiner Erfahrung nach dazu neigen, einen Großteil der Bremsarbeit in die Drehgelenke zu übertragen, was ihnen auf Dauer nicht gut bekommt. Dementsprechend müssen solche Bremsen regelmäßig gewartet werden. Noch schlimmer: Die Einstellung der Züge und der gewünschte Federweg der Bremshebel können beeinträchtigt werden.

EUROX
MAGNESIUM

SRAM

SRAM ist noch nicht lange im Rennradbereich aktiv. Vielleicht arbeiten ihre Bremsen deswegen nicht ganz so geschmeidig wie die Varianten der Konkurrenz aus Japan und Italien. Dennoch bedeuten die neuesten Bremsen der Red-Gruppe einen gewaltigen Fortschritt gegenüber der ersten Generation. Die Bremsarme bestehen aus kaltgeschmiedetem Aluminium, und auch das Design präsentiert sich insgesamt filigraner als zuvor. Zudem sind es mit rund 265 g die leichtesten Bremsen aller großen Anbieter.

SHIMANO

Obwohl ich nie ein Fan von Shimano-Bremsen gewesen bin, muss ich zugeben, dass ihre neuesten Modelle eine erhebliche Verbesserung darstellen. Die Hebelgeometrie ist wesentlich sinnvoller gestaltet, und auch die Bremsarme machen einen solideren Eindruck, wodurch ein sehr weiches Bremsverhalten erzielt wird. Die aktuelle Dura-Ace-7900-Bremse ist kaltgeschmiedet, verwendet Titanschrauben und -bolzen und wiegt mit 293 g deutlich weniger als die Vorgängermodelle.

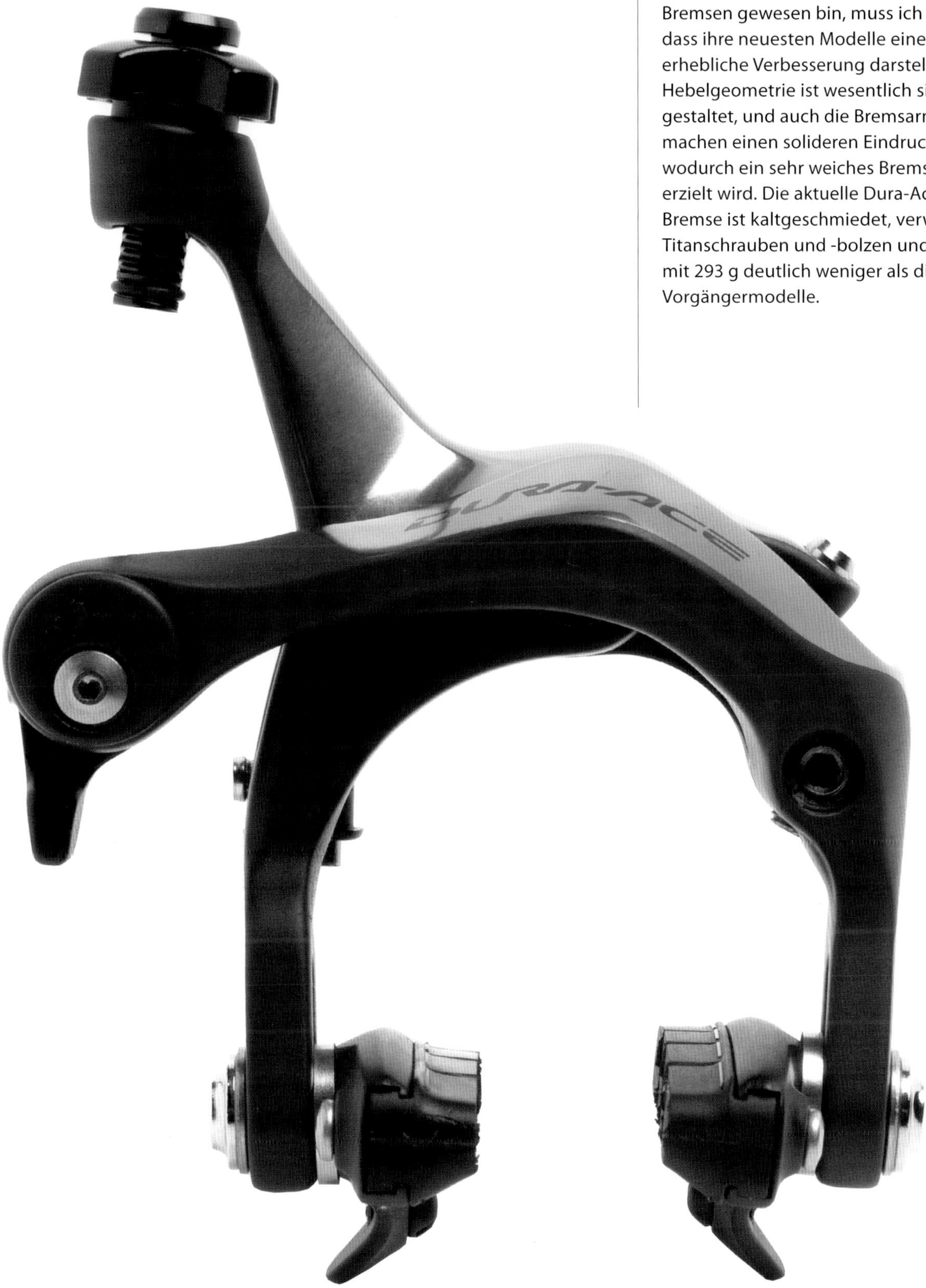

CAMPAGNOLO

Meine Lieblingsbremse ist die aktuelle Campagnolo Record, die wahlweise im hier abgebildeten, abgespeckten Skeleton-Design oder in der bewährten „massiven" Form erhältlich ist. Der Clou ist die unterschiedliche Gestaltung von Vorder- und Hinterradbremse. Denn Campagnolo hat erkannt, dass ein Großteil der Bremswirkung über das Vorderrad entfaltet wird und deshalb ein System entwickelt, das mit zwei Drehgelenken an der Vorderradbremse und – so wie es früher üblich war – mit nur einem Gelenk an der Hinterradbremse arbeitet. Dadurch wird Material und somit Gewicht eingespart.

Das Ergebnis ist eine sehr zuverlässige Bremse, die auch in schwierigen Situationen und bei Notbremsungen einwandfrei anspricht. Für die aktuellen Super-Record-Bremsen wird ein Gewicht von 275 g angegeben, also etwas weniger als bei der Dura-Ace 7900 und nur 10 g mehr als für SRAM-Red-Bremsen.

BREMSGUMMIS

Aluminium- und Carbonfelgen erfordern unterschiedliche Gummimischungen. Achte folglich darauf, stets die vom Hersteller empfohlene Sorte zu verwenden. Denn wenn du für Alufelgen vorgesehene Gummis an Carbonfelgen benutzt, werden die Bremsflächen verschlissen und die Felgen beschädigt. Umgekehrt ist es ineffizient und sogar gefährlich, die weicheren Mischungen für Carbon an Alufelgen zu benutzen. Auch ist es keine gute Idee, unterschiedliche Gummis zu verwenden, denn dadurch kann sich das Bremsen ziemlich unberechenbar gestalten. Sorge also dafür, dass du die passenden Bremsgummis einsetzt, wenn du dir teure Laufräder zulegst.

Die Gummis werden in einem sogenannten Bremsschuh befestigt, einer Aluminium-Halterung mit einem Schlitz, die einen unkomplizierten Austausch der Gummis ermöglicht. SRAM und Shimano verwenden das gleiche Modell, bei dem das Gummi mittels einer Befestigungsschraube im Schuh fixiert wird, sodass es beim Bremsen nicht herausrutschen kann. Campagnolos System funktioniert auf ähnliche Weise, verzichtet aber auf eine solche Schraube. Campagnolo und Shimano arbeiten übrigens mit unterschiedlichen Haltebolzen, sodass sie untereinander nicht ausgetauscht werden können.

Bei Nässe werden die Bremsen stärker beansprucht als bei Trockenheit. Nach meiner Erfahrung sind die Bremsgummis von Shimano und SRAM ziemlich weich und bieten nur wenig Profil, sodass nur eine Fahrt im Regen sie bereits ziemlich verschleißen kann. Die Gummis von Campagnolo haben deutlich mehr Profil, sprechen auf nasser Straße besser an und nutzen sich nicht so schnell ab. Bei Trockenheit funktionieren aber beide Systeme einwandfrei.

ZUGVERLEGUNG

In der Regel wird die Vorderradbremse mit dem linken Hebel bedient und die Hinterradbremse mit dem rechten. Aber Vorsicht, die Briten z.B. halten es genau umgekehrt, was aber nur eine Sache der Gewohnheit ist, und keine der beiden Varianten ist besser als die andere. Es ist allerdings nicht ganz ungefährlich, ein Rad mit ungewohnter Zugverlegung zu fahren. Vor einem Ausflug in die Pyrenäen solltest du dich also lieber nicht auf irgendwelche Experimente einlassen. Viel entscheidender als die Verlegung ist aber die sorgfältige Wartung der Züge, damit das System reibungslos funktioniert.

DEEP-DROP-BREMSEN

Räder mit längerem Radstand, Schutzblechen und größerer Reifenfreiheit benötigen Bremsen mit längeren Armen, die tiefer herunterreichen als herkömmliche Rennradbremsen, um die Felge überhaupt erreichen zu können. Aktuelle Deep-Drop-Modelle von Shimano ermöglichen ein Bremsmaß von bis zu 57 mm statt der sonst üblichen 50 mm.

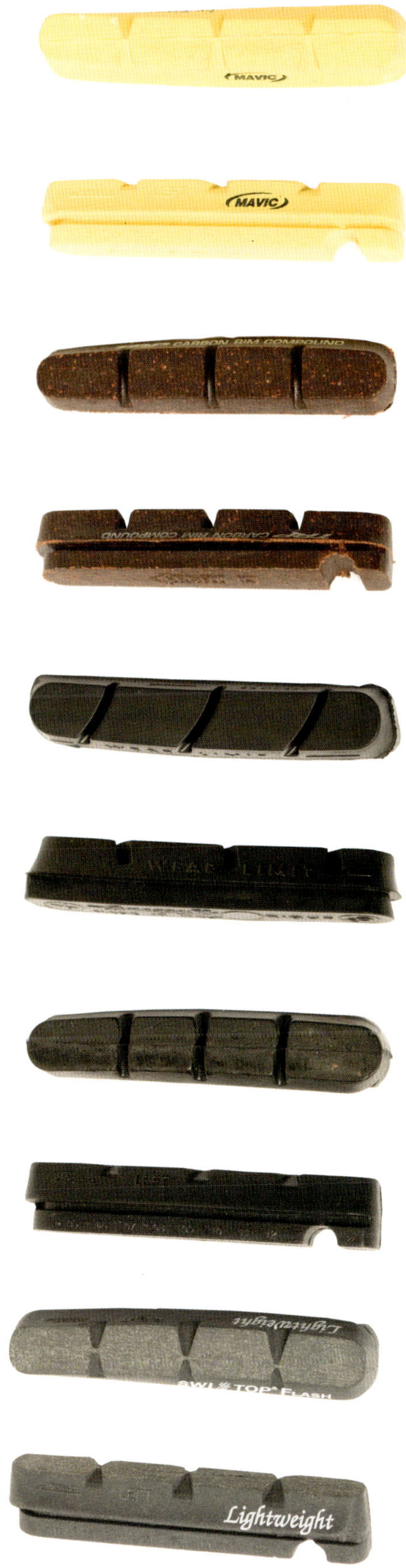

Rechts: Bremsgummis sind in zahlreichen Varianten erhältlich. Neben den Standardgummis gibt es Spezialmischungen für Carbon, Nässe etc.

Cantilever-Bremsen

Um ein Rennrad für den Querfeldeinbereich fit zu machen, sind einige Modifikationen erforderlich. Neben der Schaltung und der Rahmengeometrie müssen vor allem die Bremsen angepasst werden. Cantilever-Bremsen sollen eine größere Bremskraft bieten als herkömmliche Rennradbremsen, weisen aber nicht die Effizienz und Dosierbarkeit der neuesten Dual-Pivot-Varianten auf.

In den Anfangstagen des Querfeldeinsports schworen viele Fahrer auf die Bremsen des italienischen Herstellers Modolo und der französischen Firma Mafac. Die sahen zwar gut aus, konnten aber überhaupt nicht justiert werden und hielten auch nicht viel aus. Bei schiefen Anlötstellen musste man sich außerdem darauf gefasst machen, dass die Bremsen quietschten wie ein abgestochenes Schwein. Die Dinger taugten zwar nicht viel, immerhin aber sorgten sie durch den größeren Spielraum zwischen Bremsgummi und Felge dafür, dass die Reifen nicht durch Schlamm und Laub verstopft wurden und sich weiterhin ungehindert drehen konnten.

Cantilever-Bremsen sind nicht besonders wirkungsvoll und benötigen starke Rückholfedern, damit sich die Bremsarme frei bewegen können. Die Bremsen fühlen sich daher oftmals ziemlich schwergängig an. Obwohl Materialien und Bremsgummis weiterentwickelt wurden, hat sich die Technologie im Großen und Ganzen kaum verändert. Die neuesten Ergo-Hebel ermöglichen zumindest eine etwas bessere Dosierbarkeit.

Viele Cyclocross-Profis aus Ländern wie Belgien, wo Querfeldein ein angesagter Wintersport ist, verwenden Froglegs von Empella. Brauchbare Varianten der Cantilever-Bremsen, die im Querfeldeinbereich seit mittlerweile 50 Jahren eingesetzt werden, gibt es u.a. von Paul Components, TRP und Spooky.

Brems- und Schaltzüge

Bremszüge

Ebenso wie Reifen und Ketten wurden auch die ersten Bremszüge vor mehr als hundert Jahren entwickelt. Die grundlegende Form hat sich seither kaum verändert und wurde gleich mehreren Erfindern zugeschrieben. Die Firma Raleigh Cycles aus Nottingham war aber die erste, die an der Entwicklung einer solchen Lösung für Fahrradbremsen arbeitete. Der Bowdenzug, benannt nach Firmengründer Frank Bowden, bestand aus einem Drahtseil, das in einer Außenhülle verlief, die aus einem spiralförmig gewickelten Stahldraht bestand und mit Kunststoff ummantelt war. Die Gestänge, die zuvor verwendet worden waren, wurden damit überflüssig, und es konnten bessere Systeme entwickelt werden, die das Bremsen vom Lenker aus ermöglichten. Mehr als sechs Jahrzehnte lang blieben die Dinge dann mehr oder weniger so, wie sie waren: Radfahrer benutzten kabelbetriebene Bremsen und schließlich auch Schaltungen mit am Unterrohr angebrachten Hebeln, die per Bowdenzug mit dem Schaltwerk verbunden waren.

Eine erhebliche Verbesserung bedeutete das SLR-System, das Shimano in den 1980er Jahren auf den Markt brachte. Der weichere Innenzug verlief nun in einer in die Außenhülle eingebetteten Kunststoffhülle. Das Ergebnis war beeindruckend, und schon bald wurden sämtliche Züge auf diese Weise hergestellt. Bremszüge für moderne Rennräder sind 1,6 mm dick und weisen einen birnenförmigen Nippel am Ende auf.

Schaltzüge

Als Schaltkomponenten komplizierter wurden und das richtige Setup an Bedeutung gewann, mussten auch die Schaltzüge höheren Anforderungen genügen. Shimano stellte im Zuge der Entwicklung des SIS-Systems neue Schaltzüge vor, deren Außenhülle nicht mehr aus einem einzelnen, sondern aus mehreren verdrillten Drähten bestand, was präziseres Schalten ermöglichte. Zwar ist es nach wie vor nicht ausgeschlossen, dass die Außenhüllen bei Stürzen beschädigt werden und brechen, sie sind mittlerweile aber bedeutend widerstandsfähiger als früher. Schaltinnenzüge sind grundsätzlich 1,2 mm dick und haben einen kleinen, tonnenförmigen Nippel am Ende.

KOMPATIBILITÄT

Die Brems- und Schaltzüge von SRAM und Shimano haben in der Regel etwas größere Nippel und vertragen sich daher nicht mit Campagnolo. Umgekehrt heißt das natürlich auch, dass die kleineren Campagnolo-Nippel nicht besonders gut für die Schalt- und Bremshebel der Konkurrenz geeignet sind. Verwende also stets Züge mit der korrekten Nippelgröße. Für Campagnolos 11-fach-Gruppe ist ein neues Zugsystem erforderlich, das weder mit SRAM und Shimano noch mit ihren eigenen 10-fach- und 9-fach-Gruppen funktioniert.

SHIMANO

Wie alles, was Shimano gut macht, erfüllen auch die Brems- und Schaltzüge ausgesprochen hohe Qualitätsstandards. Die Züge für das STI-System werden komplett mit Anschlaghülsen und fertig konfektionierten Endkappen ausgeliefert.

SRAM

SRAM verwendete lange Zeit RideOn-Züge von Gore, ein sehr gutes, reibungsarmes System, das ohne weiteres mit der Technologie von Shimano und Campagnolo mithalten konnte. RideOn kam 1993 auf den Markt und erfreute sich in der MTB-Szene schon bald großer Beliebtheit, bevor die Produktion zehn Jahre später aus unerfindlichen Gründen eingestellt wurde. Als Gore erkannte, dass RideOn nach wie vor eine große Fangemeinde hatte, wurde das System neu aufgelegt und wieder in die SRAM-Gruppen aufgenommen. Spezielle Kunststoffhüllen sorgen für reibungsloses Schalten und Bremsen. Die RideOn-Züge sind außerdem sehr leicht.

CAMPAGNOLO

Campagnolos Ergopower-Züge werden als Komplettzüge verkauft. Die Hüllen sind bereits vorgeschmiert und arbeiten ähnlich wie die Seilzüge von Shimano mit Innenhüllen aus Nylon. Der einzige echte Unterschied sind die Endkappen aus Messing, die wesentlich hübscher aussehen als die Plastikkappen von Shimano. Die Züge laufen sehr glatt, sind leicht zu montieren und deutlich günstiger als die Sätze von Shimano und SRAM. Ärgerlich ist nur, dass nie genug Anschlaghülsen für ein komplettes Rad mitgeliefert werden.

Linke Seite: Standardschaltzüge.
Unten: Bremszüge sind dicker und haben birnenförmige Nippel.
Rechts: Die „Perlenketten" von Nokon.

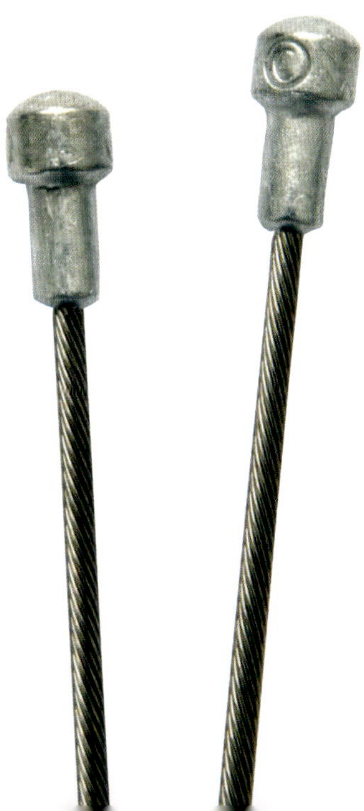

NOKON

Dieses deutsche Fabrikat ist das einzige System, das auf eine Kunststoffummantelung verzichtet. Besonders gut eignet es sich für Räder mit etwas komplizierterer Zugführung wie z.B. Zeitfahrmaschinen oder manche Querfeldeinräder, die schwer erreichbare Bremshalterungen haben. Auch für kleine Rahmen, die eine enge Zugverlegung erfordern, ist es sehr sinnvoll.

Anders als die althergebrachte Technologie mit unterschiedlichen Seilzügen für Bremse und Schaltung nutzt Nokon für beides ein und dasselbe System, wobei die Züge aber unterschiedlich große Endstücke für Brems- und Schaltanschläge aufweisen. Die Außenhülle besteht aus Aluminiumhülsen, die wie Perlen an einer Schnur auf einen mit Glasfaser verstärkten Teflonschlauch aufgezogen werden, in dem wiederum der Innenzug verläuft. Das Clevere daran ist, dass die einzelnen „Perlen" perfekt ineinanderpassen, sodass sich ein flexibler und gleichzeitig knickresistenter Seilzug ergibt. Ein weiterer Vorteil ist, dass sämtliche Teile austauschbar sind. Man muss also nicht gleich einen komplett neuen Satz kaufen, wenn es Probleme gibt.

Ein normaler Aluminiumsatz von Nokon ist rund 40% leichter als ein Standardbowdenzug, außerdem korrosionsresistent und druckfest, wodurch dosiertes Bremsen und zuverlässiges, präzises Schalten gewährleistet sind. Einziger Wermutstropfen ist der Preis, der es durchaus in sich hat, aber dafür halten die Schaltzüge ziemlich lange. Wer ein Vermögen ausgeben möchte, kann sich auch die Carbon-Varianten gönnen.

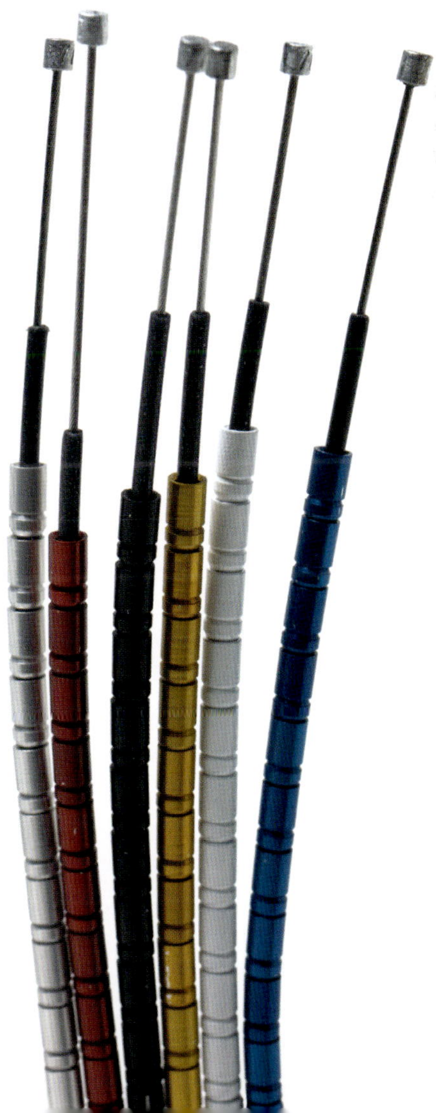

Independent Fabrication

Independent Fabrication
86 Joy St. (rear)
Somerville
MA 02143
USA
www.ifbikes.com
+1 617 666 3609

Independent Fabrication (IF) schließt die Lücke zwischen den kleinen Ein-Mann-Betrieben und den größeren Unternehmen. Die Firma ging aus Fat City Cycles hervor, einem der innovativsten Mountainbike-Hersteller der frühen 90er Jahre. Als der Betrieb in Somerville, Massachusetts, 1995 eingestellt wurde, schlossen sich einige der früheren Mitarbeiter von Fat City – der Maschinenbauer Lloyd Graves, der Schweißer Mike Flanigan sowie der Maschinenschlosser und Werkzeugmacher Jeffrey Buchholz – mit Sue Kirby, Ben Cole und Steve Elmes zusammen, um fortan einige der besten Stahlrahmen für Mountainbikes zu bauen, die man in der Branche jemals gesehen hatte.

Bald darauf wurde das Sortiment mit dem Crown Jewel und dem Planet Cross auf den Rennrad- bzw. Querfeldeinbereich erweitert. Beide Modelle wurden von der Fachwelt sehr wohlwollend aufgenommen. 1999 stießen Tom Burnett und Tyler Evans zu IF und brachten ihre beim Marktführer Merlin Metalworks erworbenen Fähigkeiten in der Titanverarbeitung in das junge Unternehmen ein. 2000 wurden die ersten Titanräder gefertigt. Das derzeitige Aushängeschild der Firma ist das XS, mit dem IF einen im Rennradmarkt einzigartigen Ansatz verfolgt und für den Rahmen mit Titanmuffen gefügte Carbonrohre verwendet. Dabei kommt ein traumhaftes Rad heraus, das mittlerweile zahlreiche Preise abgeräumt hat und von der Fachpresse und der Industrie gleichermaßen gelobt wird.

Die Räder von IF sind weder ausgesprochen leicht, noch sonderlich wettkampferprobt, aber die Dinge, die sie auszeichnen, sind wirklich vom Feinsten. Sie fahren sich unglaublich gut, sehen super aus und werden mit Sorgfalt und viel Liebe zum Detail gefertigt. Auch als Singlespeeder oder Fixies sind die Räder ohne weiteres zu bekommen. Verarbeitung und Lackierung sind durch die Bank absolut perfekt, und getreu dem Firmennamen hebt sich das Erscheinungsbild der Räder auf erfrischende Weise von der Massenware des Mainstreams ab. Am ehesten ließe sich IF wohl so charakterisieren: Sie nehmen sich selbst nicht allzu ernst, aber das, was sie tun, dafür umso mehr.

„Wir sind ein leidenschaftlicher Haufen und haben das große Glück, mit unserem Hobby Geld verdienen zu können."

KODAK 400TX
54
12
51
53
11
50
49
10
48
INDEPEN
COLNAGO
185

Das Interview wurde mit Joe Ingram geführt, dem Design-, Finanz- und Vertriebschef von IF.

Verwendete Materialien:
Wir arbeiten mit Stahl, Titan, Reynolds 953 und Carbon. Jeder Rahmen wird komplett maßgefertigt, und für jedes Material stehen zahlreiche Wandstärken und Rohrdurchmesser zur Auswahl, sodass jeder Rahmen auf die individuellen Bedürfnisse des Kunden abgestimmt werden kann.

Angestellte:
Elf: Lloyd, Jamie, Tyler, Gary, Bee, Leah, Clint, Finn, Kevin, Shawn und Joe.

Preisspanne:
1.900 bis 6.000 US-$ für Rahmen und Gabel. Eine extravagante Lackierung kostet ein bisschen mehr.

Wartezeit (im Schnitt):
Derzeit sieben Wochen.

Gebaute Rahmen pro Jahr:
Im vergangenen Jahr haben wir rund 1.000 Rahmen gebaut.

Wer sind eure Kunden und wie würdest du sie „definieren"?
Vom gut betuchten Radenthusiasten über den Nachwuchsfahrer bis hin zum Schrauber im Radgeschäft ist alles dabei.

Seit wann baut ihr Fahrräder?
Seit 1995.

Baut ihr auch Rahmen für den Profibereich?
Wir haben Rahmen für Tim Johnson, Harlan Price, Sarah Uhl und Weltmeisterin Gianna Roberge gebaut. Wir unterstützen außerdem ein Männerteam und eine Hobby-Mannschaft. Harlan Price war 2008 der erste Amerikaner, der bei der La Ruta Conquistadores in Costa Rica in die Top Ten gefahren ist.

Wodurch wurde dein Interesse für den Fahrradbau geweckt?
Ich habe während meiner Collegezeit angefangen, in Radläden zu arbeiten, und mich in den Sport verliebt. Bei IF habe ich dann die Gelegenheit bekommen, mehr über Rahmendesign und -konstruktion zu erfahren. Alles, was ich über Rahmenbau weiß, habe ich von den Leuten hier bei IF gelernt. Lloyd, Tyler und Jamie wissen unglaublich viel darüber, und sie sind mein Ansporn, selbst so viel zu lernen, wie ich kann.

Wer beeinflusst euch heute?
Vor allem unsere Kunden, denn jeder Rahmen ist anders, und auch für Designs mit ähnlicher Geometrie werden unterschiedliche Rohre verwendet. Kommunikation ist das Wichtigste, denn je mehr ich über die Kunden erfahre, desto eher bin ich in der Lage, das für sie perfekte Rad zu entwerfen.

Welches ist das beste Rahmenmaterial?
Kommt darauf an, wen du fragst und was du mit dem Rad anstellen willst. Wenn es um Materialien geht, sind wir ziemliche Agnostiker. Manche Materialien sind besonders stabil und steif, was sie aber nicht zwingend besser macht. Mit anderen Materialien wiederum muss man besonders umsichtig umgehen, um sie nicht zu verunreinigen. Wir verfügen aber über die richtigen Mittel und Werkzeuge, um zu gewährleisten, dass jeder Rahmen auf die Bedürfnisse und Wünsche des Kunden abgestimmt wird.

KING
KING

Wie vermesst ihr eure Kunden?
Das geschieht fast ausschließlich über unsere Vertragshändler. Ein Kunde geht also in einen Laden, um sich vermessen zu lassen, und diese Daten werden dann an uns gesendet. Wir können mit allen Anpassungs-Systemen arbeiten, die es gibt. Die reinen Maße und Daten sind natürlich wichtig, aber wir wollen darüber hinaus so viel wie möglich über den Fahrstil, die Gesundheit und die Ziele des Fahrers erfahren.

Welches ist die spannendste neue Entwicklung hinsichtlich Rahmendesign oder Rohrtechnologie?
Von unserem neuen Vollcarbonrad sind wir ziemlich angetan. Wir verwenden dafür eigens entwickelte Werkzeuge, mit denen wir in der Lage sind, im „Bladder Moulding"-Verfahren maßgefertigte Muffen in allerhöchster Qualität herzustellen. Außerdem gibt es ein paar Dinge, die vielleicht nicht mehr ganz neu sind, mich aber nach wie vor begeistern. Zum Beispiel das Factory Lightweight, eines unserer leichtesten Räder. Die Fahreigenschaften, die ein schön geschweißter Stahlrahmen bietet, sind einfach fantastisch.

Welches ist das wichtigste Element des Rahmens?
Die Verbindung von Mensch und Material. Jeder Mensch hat eine andere Größe und einen anderen Fahrstil. Die Verbindung aus Rahmen und Komponenten sollte den Fahrer in die Lage versetzen, das Optimum aus sich herauszuholen und seine persönlichen Ziele zu erreichen.

Was möchtet ihr für eure Kunden erreichen?
Dass sie Freude an ihrem Fahrrad haben. Wir möchten, dass sie das Rad lieben, das wir für sie bauen. Es sollte perfekt auf sie abgestimmt sein und ihnen ein Fahrgefühl vermitteln, das sie immer wieder aufs Neue begeistert. Je mehr Freude sie am Fahren haben, desto mehr Zeit möchten sie auf dem Rad verbringen. Dadurch können sie ihre Ziele erreichen und sich neue stecken. Ich persönlich finde, dass wir einige der schönsten maßgefertigten Rahmen bauen, die man heutzutage bekommen kann. Die Materialien, die wir verwenden, unsere Qualitätsstandards und unsere Liebe zum Detail sorgen dafür, dass wir für jeden unserer Kunden das für ihn passende Rad bauen.

Wer ist oder war der beste Rahmenbauer und warum?
Es gibt so viele fantastische Rahmenbauer, die alle ihre besonderen Qualitäten haben. Wer einen traumhaft gemufften Rahmen sucht, ist bei Bruce Gordon oder Richard Sachs an der richtigen Adresse. Größten Respekt habe ich außerdem vor Dario Pegoretti.

Schaltung

Tretlager

Schon seit ewigen Zeiten werden Tretlager am Fahrrad befestigt, indem sie per Gewinde direkt in den Rahmen geschraubt werden. Und wie es aussieht, wird sich an dieser bewährten Bauweise in naher Zukunft nicht allzu viel ändern (siehe auch „Rahmendesign", Seite 38).

Ursprünglich bestanden Tretlager aus mehreren Verschleißteilen, nämlich der Welle, den Lagern und den Lagerschalen, die alles zusammenhielten und Justierungen ermöglichten. Solange alles sorgfältig gepflegt und gewartet wurde, war dieses System vollkommen in Ordnung. Als aber die Schaltungen umfangreicher wurden und die Kettenlinie sowie die Ausrichtung der Kurbeln immer mehr Bedeutung erhielten, stieß diese Bauweise an ihre Grenzen. Shimano entwickelte schließlich eine Variante, die alles zu einem einzigen Bauteil zusammenfasste. Solche Lager läuteten den Niedergang des justierbaren Systems ein. Campagnolo zog schon bald nach und beide Hersteller produzierten fortan Einheiten, die leicht zu montieren und ausdrücklich nur für ihre eigenen Kurbeln geeignet waren.

Vierkant-Tretlager

Vierkant-Tretlager gab es früher in zwei Bauarten: die nach japanischer Industrienorm (JIS) gefertigte Shimano-Version und die von Campagnolo verwendete ISO-Variante. Beide Unternehmen haben sich mittlerweile von dieser Bauweise verabschiedet. Es gibt aber noch etliche kleinere Hersteller wie z.B. Royce, Phil Wood und White Industries, die ausgezeichnete Vierkant-Tretlager in allen erdenklichen Größen und Standards anbieten. Wenn du also mit dem Vierkant-System zufrieden bist, gibt es keinen Grund, alles wegzuschmeißen.

Titan-Vierkant-Tretlager von Royce.

SUPER 11 RECORD™

Octalink

Shimanos Nachfolger für die Vierkant-Tretlager war die Octalink-Technologie, die mit einer Hohlwelle und Verzahnungen zur Aufnahme der Kurbeln arbeitete und standardmäßig für die Mountainbike- und Rennradgruppen der Japaner verbaut wurde. Das System sollte steifer als Vierkant-Tretlager sein und eine bessere

„Die Octalink-Technologie stellte zwar keine große Verbesserung dar, aber die Tage der Vierkant-Tretlager waren gezählt.“

Kraftübertragung gewährleisten. Die Octalink-Technologie stellte zwar keine große Verbesserung dar und hatte so ihre Macken, aber die Tage der Vierkant-Tretlager waren nun gezählt. Kleinere, unabhängige Hersteller nahmen sich Octalink zum Vorbild und entwickelten schließlich den ISIS Drive (International Splined Interface Standard), der sich vor allem im MTB-Bereich durchsetzen konnte.

BB30

Vor rund zehn Jahren stellte Cannondale diese Tretlagervariante für Rennräder und Mountainbikes vor. Die Idee war gut, und Cannondale machte die Technologie sämtlichen Herstellern zugänglich, jedoch dauerte es in der recht konservativen Welt der Rahmenbauer und -designer eine Weile, bis das System Fuß fasste. Generell weisen heute alle modernen Räder die gleichen Gewinde auf, sodass jedes Tretlager auch an fast jeden Rahmen passt, egal wann und von wem es gebaut wurde. Dadurch sind die Fahrer zwar an kein Komponentensystem gebunden, der Einbau längerer Tretlager (z.B. für Dreifach-Kettenblätter) ist aber problematisch. Beim BB30-Standard werden die Lager direkt in den Rahmen eingepresst. So können Tretlager mit kürzeren Wellen verbaut werden, was Gewicht spart und größere Steifigkeit gewährleistet.

INTEGRIERTE TRETLAGER VON SHIMANO

Shimano präsentierte 2004 für die Dura-Ace-Gruppe eine neue Bauweise mit integriertem Tretlager und externen Lagern. Dieses System stellt einen gewaltigen Fortschritt dar. Die Lagerschalen werden in den Rahmen geschraubt und sitzen außerhalb des Tretlagergehäuses. Die Welle und einer der Kurbelarme bilden eine Einheit, die durch die Öffnung in den Lagern geschoben und mit dem anderen Kurbelarm fixiert wird. Ein einfaches System mit hoher Steifigkeit.

Oben: SRAM-Kurbelgarnitur für den von Cannondale eingeführten BB30-Standard.

INTEGRIERTE TRETLAGER VON SRAM

SRAMs Kurbelhersteller Truvativ folgte dem Beispiel von Shimano und entwickelte mehrere Kurbeln mit externen Tretlagern. Für die Red-Gruppe werden hochwertige Keramiklager verwendet. Auch der italienische Komponentenhersteller FSA produziert eine Reihe integrierter Kurbeln und Tretlager.

CAMPAGNOLO ULTRA TORQUE

2006 stellte endlich auch Campagnolo mit Ultra Torque ein eigenes Tretlager- und Kurbelsystem mit externen Lagerschalen vor. Es funktioniert ähnlich wie die Variante von Shimano, nur dass die Lager direkt auf der Welle sitzen. Die Montage ist etwas komplizierter als bei Shimano, aber die Verarbeitung ist einwandfrei. Zudem sind die Kurbeln etwas schmaler, und die Lager können ausgetauscht werden.

CHRIS KING

Auch von Chris King sind inzwischen Tretlager in gewohnt exzellenter Qualität (und in verschiedenen Farben) erhältlich. Anders als die Fabrikate von Shimano (die bekanntlich lieber Einwegprodukte produzieren) können die Lager von Chris King problemlos gewartet und geschmiert werden und sind mit Shimanos Hollowtech-II-Standard und manchen Kurbeln von SRAM und FSA kompatibel.

Von oben nach unten: Externe Tretlager von SRAM, Campagnolo und Chris King.

Kurbeln

In der Frage, was ein gutes Paar Kurbeln ausmacht, scheiden sich die Geister. Moderne Kurbelgarnituren werden mit externen Tretlagern verbaut, wodurch die Lager weiter auseinander liegen, als es bei früheren Bauweisen der Fall war. Das sorgt zwar für einen insgesamt steiferen Antrieb, bringt aber auch gewisse konstruktionstechnische Probleme mit sich.

Lange Zeit führte an Vierkant-Tretlagern kein Weg vorbei. Shimano baute nach JIS-Norm und Campagnolo nach ISO-Norm. Aufgrund kleiner Unterschiede in der Bauweise waren die beiden System untereinander nicht austauschbar; man musste sich also für das eine oder das andere entscheiden und war dann darauf festgelegt.

Shimano beschloss, den kompletten Antrieb vollkommen neu zu gestalten. Das Ergebnis war ein Tretlager, das zwar für die Standardmaße eines normalen Rennradrahmens ausgelegt war, die Lagerschalen aber außerhalb des Tretlagergehäuses verlegte. Eine kühne Idee, die den Stein zu einer völligen Neukonzeption des ganzen Systems ins Rollen brachte.

Ich persönlich bin nicht überzeugt davon, dass die aktuellen Systeme von Campagnolo (Ultra Torque) und Shimano (Hollowtech II) hinsichtlich Funktionalität und Wartung eine entscheidende Verbesserung gegenüber den alten Vierkant-Tretlagern darstellen. Ziel der externen Lager war es, die Steifigkeit zu erhöhen, was ihnen durchaus gelungen ist. Dafür weisen sie einen größeren Q-Faktor (also einen größeren Abstand zwischen den Pedalen) auf als frühere Zweifachkurbeln und sind auch kaum leichter als Varianten der früheren Record- und Dura-Ace-Gruppen. Zudem sind die Lager weder so leicht auszutauschen noch so langlebig wie hochwertige Vierkant-Tretlager.

Shimano Hollowtech II

Bei Shimano vertraut man auf die bewährten, hohlgeschmiedeten Aluminium-Tretkurbeln, eine Technologie, die das Unternehmen perfektioniert hat und mit der sich besonders leichte Kurbeln fertigen lassen. Zwischenzeitlich probierten die Japaner es auch mit Carbon, erkannten aber schnell, dass Aluminium die vielseitigere und erschwinglichere Alternative darstellt.

Die aktuelle Dura-Ace-Kurbelgarnitur wiegt inklusive Tretlagerschalen 725 g und damit weniger als frühere Varianten, ist aber bei weitem nicht die leichteste Garnitur auf dem Markt. Form und Funktion der Dura-Ace-Kurbeln sind aber hervorragend und machen die paar Gramm mehr locker wieder wett.

Campagnolo Ultra Torque

2006 eiferte Campagnolo dem japanischen Konkurrenten nach und stellte ein eigenes externes Tretlager vor. Zuvor hatte man für die Kurbeln der letzten Vierkant-Serie mit Carbon experimentiert, allerdings mit durchwachsenen Resultaten. Zwar wogen diese Modelle in der Record-Variante nur um die 500 g und funktionierten recht ordentlich, die meisten Fahrer bevorzugten aber die Aluminium-Kurbeln aus der Vorgängergruppe, die vermeintlich zuverlässiger und steifer waren. Mit Ultra Torque präsentierten die Italiener auch ein vollkommen verändertes Tretlagerdesign und verbesserten die strukturelle Integrität der Kurbelgarnitur. Die Welle bestand aus zwei jeweils in die Kurbelarme integrierten Halbachsen, die mit einer Hirth-Verzahnung verbunden wurden. Laut Campagnolo ergibt sich dadurch eine Kurbelgarnitur, die leichter zu handhaben und ergonomischer ist als andere integrierte Systeme. Auf jeden Fall ist die ganze Einheit sehr leicht und wiegt knapp unter 700 g.

SRAM

Andere Lösungen mit externen Tretlagern stellen Variationen der von Shimano und Campagnolo entwickelten Ideen dar. Die meisten arbeiten mit einem Bolzen an der linken Kurbel, mit der die Einheit auf der antriebsabgewandten Seite fixiert wird. Das System von SRAM hat den Vorteil, dass es leicht zu montieren ist. Für Montage und Ausbau ist lediglich ein Inbusschlüssel erforderlich. Die SRAM-Red-Kurbelgarnitur verfügt über einen Carbon-Kurbelstern und wiegt mit 750 g etwas mehr als die Modelle von Campagnolo und Shimano.

Kompakt oder Standard?
Kompaktkurbeln weisen zwei kleinere Kettenblätter als herkömmliche Garnituren auf (z.B. 50/34 statt der sonst üblichen 53/39) und finden damit vor allem bei Hobbyfahrern Anklang, die für lockere Touren durchs Gebirge eine Reihe kleinerer Übersetzungen zur Verfügung haben möchten, ohne auf ein drittes Kettenblatt zurückgreifen zu müssen. Kompaktkurbeln sind unkomplizierter, leichter und auch schmaler als Dreifach-Garnituren, was nicht nur besser aussieht, sondern auch den Antrieb weniger belastet. Auf die ganz dicken Gänge muss man zwar verzichten, trotzdem kann man es auch mit einer Kompaktkurbel im Flachen richtig rollen lassen.

Lochkreisdurchmesser
Der Lochkreisdurchmesser (oder kurz LKD) bezeichnet den gedachten Kreis, den die Kettenblattbohrungen im Kurbelstern bilden. Shimano und Campagnolo verwenden unterschiedliche Standards, nämlich 130 bzw. 135 mm. Abgesehen davon sind ihre Kettenblätter inzwischen so speziell geformt, dass es kaum möglich ist, die Modelle anderer Hersteller anzupassen. Kompaktkurbeln aber weisen in der Regel einen LKD von 110 mm auf. Auch Bahnkurbeln haben alle den gleichen LKD, sind also relativ leicht zu ersetzen.

Bahn: 144 mm
Kleinstes Kettenblatt 44 Zähne

Shimano Standard-Rennradkettenblatt: 130 mm
Kleinstes Kettenblatt 38 Zähne

Campagnolo Standard-Rennradkettenblatt: 135 mm
Kleinstes Kettenblatt 39 Zähne

Kompakt: 110 mm
Kleinstes Kettenblatt 34 Zähne

KURBELLÄNGE
Es ist nicht immer ganz einfach, die richtige Kurbellänge zu bestimmen. Die Standardlänge für Rennradkurbeln beträgt 170 mm und ist die vermutlich gängigste Variante. Größere Fahrer ab 182 cm wählen in der Regel längere Kurbeln (175 oder 180 mm), während kleinere Fahrer unter 167 cm sich für kürzere entscheiden (170 oder 165 mm). Bei maßgefertigten Rädern wird die Beinlänge und die Fußstellung über den Pedalen berücksichtigt, dafür solltest du also den Rat eines erfahrenen Technikers einholen.

White Industries
Das VBC-Design (Variable Bolt Circle = variabler Lochkreis) des amerikanischen Komponentenherstellers White Industries stellt meiner Ansicht nach einen riesigen Fortschritt gegenüber herkömmlichen Kurbelsystemen dar. Durch die raffinierte Bauweise ist eine größere Bandbreite an Kettenblättern möglich, sodass man mit dem gleichen Kurbelsatz Standard- oder Kompaktvarianten verwenden kann. In das große Blatt, das direkt am Kurbelarm befestigt wird, sind fünf Schlitze gefräst, die den klassischen Kurbelstern ersetzen. Das kleinere Kettenblatt zentriert sich dadurch quasi selbst und ist nicht auf einen bestimmten LKD angewiesen. Ein brillantes System, das dir die ganze Fummelei erspart, die sonst nötig ist, um die Schaltung beispielsweise für einen Ausflug in die Berge fit zu machen.

White Industries VBC-Rennradkurbel.

Kettenlinie
Die Kette funktioniert am besten, wenn sie in einer geraden Linie vom Kettenblatt zum Ritzel verläuft. Das ist der Grund, warum bei einem Eingang-Antrieb mit starrer Nabe besonders viel Leistung in Vortrieb umgewandelt wird (und weswegen sich die Schaltwerke bei den Profis in den 1940er und 1950er Jahren nur so langsam durchsetzten). Um eine optimale Kraftübertragung zu gewährleisten, muss die Fluchtlinie zwischen Kettenblatt und Ritzel also möglichst gerade verlaufen. Zweifach-Kurbeln sind deshalb stets mit dem passenden Tretlager zu verwenden. Ausgefallene Setups können die Kettenlinie drastisch verändern und außerdem den Schaltvorgang beeinträchtigen.

Q-FAKTOR
Der Q-Faktor bezeichnet den seitlichen Abstand zwischen den Außenseiten der Kurbelarme. Dieses Maß ist deshalb so wichtig, weil du umso anfälliger für Gelenkprobleme bist, je weiter deine Füße beim Treten auseinander liegen. Größere Fahrer sind davon weniger stark betroffen als kleinere, deren Beine bei gleichem Q-Faktor stärker gekrümmt sind.

Bahnräder mit einem einzelnen Kettenblatt kommen mit einem wesentlich schmaleren Tretlager aus, was in der Regel auch einen geringeren Q-Faktor um die 130 mm bedeutet. Manche Bahnfahrer benutzen ein noch engeres Setup, um eine noch bessere Kraftübertragung zu erreichen.

Das Problem mit modernen Tretlagern ist, dass es aufgrund der außenliegenden Lagerschalen schwierig ist, einen geringen Q-Faktor zu gewährleisten. Frühere Vierkant-Tretlager wie z.B. die Dura-Ace 7400 oder die Campagnolo-Modelle vor der Ultra-Torque-Ära wiesen einen deutlich geringeren Q-Faktor auf – um die 10 mm weniger als aktuelle Kurbeln mit externen Lagern.

Der durchschnittliche Q-Faktor für eine normale Zweifach-Kurbel mit externem Tretlager liegt bei 145 mm, was immerhin deutlich weniger ist als die 160 mm, die Dreifach-Garnituren und Mountainbikes aufweisen. Aus diesem Grund entscheiden sich inzwischen so viele Fahrer für Kompaktkurbeln.

Cleat-Winkel und Schuhgröße spielen ebenfalls eine Rolle. Wer sehr große Füße hat, berührt beim Treten möglicherweise die Kettenstreben, also ist es bei manchen Rahmenbauweisen, etwa solchen mit dickeren Kettenstreben, gar nicht so leicht, einen niedrigen Q-Faktor zu realisieren. Es reicht nicht, einfach eine schmalere Kurbel zu montieren.

Ich bin kein großer Fan von Dreifach-Kurbeln, denn durch den größeren Q-Faktor liegen die Füße sehr weit auseinander. Soweit mir bekannt ist, verursachen die aktuellen Zweifach-Kurbeln von Shimano und Campagnolo in dieser Hinsicht keinerlei Probleme, obwohl sie einen etwas größeren Q-Faktor aufweisen als frühere Modelle. Wichtig ist, dass du deine Cleats richtig einstellst, bevor du dir über den Q-Faktor den Kopf zerbrichst. Der ist zwar wichtig, aber nicht ganz so entscheidend wie dein Auflagepunkt auf den Pedalen.

Bahnkurbeln

Bahnräder benötigen einen völlig anderen Kurbelsatz als Rennräder. Obwohl sie recht einfach gebaut sind, bringen Einfach-Kettenblätter ihre ganz eigenen Probleme mit sich. Eine Bahn hat meistens steile Überhöhungen, was bedeutet, dass die Pedale der Oberfläche bei geringem Tempo ziemlich nahe kommen. Bahnräder haben daher höher gelegte Tretlager und kürzere Kurbeln, um mehr Pedalfreiheit zu gewährleisten. Mit kürzeren Kurbeln ist aber auch eine bessere Beschleunigung möglich, da sie schneller auf Touren gebracht werden können.

Bahnkurbeln weisen außerdem einen ganz anderen Kurbelstern auf, der für eine perfekt ausgerichtete Kettenlinie sorgt, sofern das korrekte Tretlager und die passende Kurbel verwendet werden. Interessanterweise nutzt Campagnolo für Bahnkurbeln nach wie vor ein Vierkant-Tretlager, während Shimano ein Octalink-Lager verbaut. Beide vertrauen also für das einfachste aller Antriebssysteme auf eine ebenso simple wie bewährte Technologie. Nur SRAM stellt eine Bahnkurbel mit externem Lager her. Alle gängigen Bahnkurbeln sind aus Aluminium geschmiedet. Es sind noch zahlreiche andere Varianten erhältlich, u.a. von Sugino, Miche und Paul Components.

DIE RICHTIGE ÜBERSETZUNG

Die richtige Übersetzung auf der Bahn ist eine Wissenschaft für sich und hängt von den individuellen Fähigkeiten des Fahrers und den Anforderungen der Strecke ab. In der Regel wird ein 50er-Kettenblatt mit 15er-Ritzel aufgelegt, für unüberdachte Asphaltbahnen, die aufgrund der raueren Oberfläche und der Witterungsbedingungen bisweilen etwas langsamer sind, entscheiden sich manche Fahrer aber für eine kleinere Übersetzung von 48/15. Verfolgungsspezialisten verwenden große Übersetzungen bis zu 52/12, sofern sie in der Lage sind, Geschwindigkeiten von 55 km/h und mehr durchzuhalten. Erfahrene Bahnfahrer haben bei Wettkämpfen immer einen ganzen Haufen verschiedener Kettenblätter und Ritzel dabei, um für jedes Rennen und alle Bedingungen gewappnet zu sein.

Links: Die Schlichtheit und Kraft einer Bahnkurbel, hier von Truvativ. **Rechte Seite:** Eines der schönsten Modelle, die Campagnolo Record.

BREV. CAMPAGNOLO
165
RECORD

Schaltwerke

Form und Funktion von Fahrradschaltungen sind im Laufe der letzten 100 Jahre immer mehr verfeinert worden. Die hintere Schaltvorrichtung, das Schaltwerk, ist ein raffinierter Mechanismus, an dessen Entwicklung mehrere Unternehmen beteiligt waren. Das erste mittels eines Hebels betriebene Schaltsystem, das Osgear bzw. Super Champion, wurde 1928 vorgestellt und war noch ziemlich umständlich. Aus nicht immer nachvollziehbaren Gründen dauerte es ohnehin eine ganze Weile, bis sich Schaltwerke im Rennradbereich durchsetzten.

Bis 1937 waren Schaltungen bei der Tour de France verboten. Die Fahrer verwendeten eine starre Nabe und mussten das Hinterrad umdrehen, um einen zweiten Gang nutzen zu können. Das war insbesondere für die Berge alles andere als ideal, also machte sich Campagnolo daran, ein besseres System zu entwickeln. Das Resultat war der Cambio Corsa, eine simple, aber effektive Vorrichtung, die mehr als ein Jahrzehnt lang benutzt wurde.

Bald darauf entstand die Idee, zwei oder drei Ritzel am Hinterrad zu verwenden und die Kette mittels eines speziellen Mechanismus „umzuwerfen". Das System arbeitete zunächst mit zwei Kabeln (eins für jede Richtung) und wurde später um eine Rückholfeder erweitert. In den folgenden Jahrzehnten entwickelten zahlreiche große Hersteller eigene Schaltungen, u.a. Galli, Ofmega und Gipiemme aus Italien sowie Mavic, Huret und Simplex aus Frankreich. Die japanischen Unternehmen Suntour und Shimano verfeinerten die europäischen Konstruktionen und bereiteten den Weg für weitere Innovationen.

Sämtliche Systeme funktionieren im Wesentlichen nach dem gleichen Prinzip. Campagnolo bietet mittlerweile bis zu elf Ritzel, Shimano wiederum hat für die Dura-Ace-Gruppe ein elektronisches Schaltsystem entwickelt, das ähnlich wie ein Autogetriebe funktioniert. Es arbeitet schneller und präziser, ist allerdings an sehr enge Toleranzen und Maße gebunden.

Die Schaltwerke der ersten indexierten Systeme waren ziemlich schwer. Die Unternehmen arbeiteten jahrelang fieberhaft daran, sowohl bessere und präzisere als auch immer leichtere Schaltungen zu entwickeln. Im Zuge dessen wurden auch die Kassetten und Ketten neu konzipiert.

Moderne Schaltwerke sind ziemlich komplex, doch Bedienung und Funktionsweise sind nach wie vor relativ einfach. Sie werden über Züge betrieben und vom Fahrer mittels eines Schalthebels gesteuert, der inzwischen in den Bremshebel integriert ist. Schaltungen sind heutzutage präziser und leichtgängiger, aber auch anfälliger als jemals zuvor.

„Campagnolo machte sich daran, ein besseres System zu entwickeln. Das Resultat war der Cambio Corsa, eine simple, aber effektive Vorrichtung, die mehr als ein Jahrzehnt lang benutzt wurde."

Campagnolo Record

Schaltwerke von Campagnolo strahlen eine Eleganz aus, von der die anderen Hersteller nur träumen können. Manche Modelle zählen zu den schönsten Komponenten, die jemals gebaut wurden, allen voran die Record- und Nuovo-Record-Schaltwerke aus den 70er Jahren und das C-Record-Schaltwerk aus den 80ern. Campagnolos aktuelle Generation an 11-fach-Schaltwerken ist eine Hommage an diese große Vergangenheit. Das Super-Record-Schaltwerk wartet mit einem Körper aus geschmiedetem Aluminium und Titanschrauben auf. Doch Campagnolo-Schaltwerke waren seit jeher nicht nur elegant, sondern auch schnell und präzise. Wenn es um schön gearbeitete und konstruierte Komponenten geht, ist Campagnolo noch immer das Maß aller Dinge.

Shimano

Shimano perfektionierte die Index-Schaltung und stellte die ersten kombinierten Brems-Schalthebel her. Ihr Streben nach einem voll integrierten Rad brachte das SIS-Schaltsystem hervor, und inzwischen achten alle Hersteller darauf, vom Schaltwerk bis zur Kette ganzheitliche Systeme zu bauen. Schaltwerke von Shimano wurden schon immer auf enge Toleranzen gefertigt und arbeiten stets einwandfrei. Zwar fehlt ihnen der Charme, den Campagnolo seit jeher auszeichnet, aber hinsichtlich Präzision und Funktionalität waren sie bis vor kurzem unerreicht.

SRAM

Das Design der SRAM-Schaltwerke basiert auf dem 2006 vorgestellten Double-Tap-System. Da SRAM ursprünglich aus dem Mountainbikebereich kommt, überrascht es nicht, dass dieser Hersteller einen ganz anderen Ansatz verfolgt als Shimano und Campagnolo. Das Red-Schaltwerk arbeitet mit Keramiklagern und Titanfedern, der Körper besteht aus Magnesium und Carbon. Man braucht eine Weile, um sich an das System zu gewöhnen, doch es funktioniert beeindruckend schnell und präzise und ist enorm wartungsarm, wenn es erst einmal montiert und richtig eingestellt ist.

Lightweight RD

Die Firma Carbon Sports (der Hersteller der Lightweight-Laufräder) stellt dieses unglaublich leichte Vollcarbon-Schaltwerk her, von dem sich die Campagnolo-Ingenieure sicher etwas abgeguckt haben, als sie ihr 11-fach-Schaltwerk konstruierten. Allerdings haben sie es nicht annähernd geschafft, das geringe Gewicht des Lightweight RD zu erreichen – und für ein Schaltwerk sind 30 bis 50 g mehr oder weniger eine ganze Menge. Seine Langlebigkeit hat diese Komponente den Titanelementen und Stahlfedern sowie den Keramiklagern zu verdanken, die für die Schaltungsrollen verwendet werden. Komponenten von Carbon Sports haben ihren Preis, funktionieren aber tadellos. Und zwar mit Shimano und Campagnolo, nicht aber mit SRAM-Schaltungen und -Kassetten.

Gewicht (laut Hersteller)
Lightweight (kompatibel mit Campagnolo oder Shimano): 120 g
Campagnolo Record 10-fach: 184 g
Campagnolo Super Record 11-fach: 172 g
Shimano Dura-Ace 7900: 166g
Shimano Dura-Ace Di2: 222 g
SRAM Red: 150 g

Umwerfer

Es gibt zwei Arten von Befestigungen für Umwerfer. Die meisten Fabrikate weisen eine in den Umwerfer integrierte Schelle auf und werden direkt über den Kurbeln am Sitzrohr montiert. Für Rahmen mit Anlötsockeln für Umwerfer (wie sie häufig an Stahlrahmen zu finden sind) gibt es alternative Modelle ohne Schelle.

Campagnolo Record

Weil frühere Standardumwerfer für Zweifach-Kettenblätter mit Kompaktkurbeln nicht kompatibel waren, hat Campagnolo den Umwerfer neu konstruiert und eine Komponente entwickelt, die mit beiden Varianten arbeitet. Das Problem ist, dass die neuen Umwerfer nicht mit den alten Schaltungen und 10-fach-Systemen funktionieren. Wenn du also auf 11-fach umsteigen willst, musst du deine komplette Schaltung umbauen, was teuer werden kann. Dafür ist der Schaltvorgang so schnell und leichtgängig wie bei keiner anderen Gruppe, und der aus Carbon gefertigte Käfig sieht ziemlich edel aus. Er wiegt 71 g.

Shimano

Shimano stellte den ersten Umwerfer her, der „indexiert" war. Damit ein Fahrer nicht ständig den Schalthebel nachjustieren musste, wenn sich die Kettenlinie durch die Bewegung des Schaltwerks verschob, sorgten die japanischen Ingenieure dafür, dass der Käfig die Kette nicht berührte bzw. nur dann, wenn der Schalthebel betätigt wurde. War das ganze System erst einmal sorgfältig montiert, funktionierte es hervorragend, mangelhafte Zugspannung oder ein schlecht ausgerichteter Umwerfer sorgten aber oftmals für ein ziemlich ärgerliches Schleifen an der Kette. Shimano steckte eine Menge Forschungs- und Entwicklungsarbeit in die Konstruktion des Käfigs für die letzte Dura-Ace-Gruppe. Durch die schmalere 10-fach-Kette und das raffinierte neue Käfigdesign arbeitet das System „trimmfrei". Mit 66 g ist es außerdem das leichteste auf dem Markt.

SRAM

Umwerfer von SRAM funktionieren mit Kompakt- und mit Standardkurbeln. Das Clevere an der Variante für die Red-Gruppe ist, dass die Position des Umwerfers über den linken Schalthebel feinjustiert und damit auch auf knifflige Kettenlinien ausgerichtet werden kann, was gerade in manchen Rennsituationen sehr hilfreich ist. Dank des Titankäfigs weiß der Umwerfer auch optisch zu überzeugen und bringt es in der Anlötversion auf ein Gesamtgewicht von 71 g.

PARLEE CARBONSCHELLE

Carbon- und Titanrahmen weisen in der Regel keinen Anlötsockel für Umwerfer auf, sodass du für die Montage auf eine Schelle zurückgreifen musst. Parlee bietet eine wirklich sehr hübsche Umwerferschelle an, die so gut wie nichts wiegt. Sie ist in drei Größen erhältlich (28,6 mm, 31,8 mm und 34,9 mm) und eignet sich für alle gängigen Anlöt-Umwerfer.

Rechts: Umwerfer Campagnolo Super Record mit Carbonkäfig.

Linke Seite: Umwerfer SRAM Red.
Rechts: Umwerfer Shimano Dura-Ace.

Ernesto Colnago

Viale Brianza 9
20040 Cambiago
Mailand
Italien
www.colnago.com
+39 02 95 30 80 82

„Ogni epoca ha un campione, ogni campione ha una Colnago."

„Jede Zeit hat einen Champion, jeder Champion hat ein Colnago."

Viele junge Rahmenbauer machen mit spannenden neuen Materialien und Fertigungsverfahren von sich reden. Ernesto Colnago aber stellt sie noch immer alle in den Schatten, denn er hat auch nach über 50 Jahren im Geschäft nichts von seinem innovativen Geist eingebüßt. Den höchsten Stellenwert genießt die Marke Colnago indes im Peloton, wo auch für Ernesto selbst einst alles begann.

1951 nahm er am Amateur-Klassiker Mailand-Busseto teil. Beim engen Zielsprint kam es zu einem Massensturz, in den auch Colnago verwickelt war. Er brach sich das rechte Bein und konnte 50 Tage lang weder Rad fahren noch arbeiten. Also ließ er sich von seinem Arbeitgeber, Signore Focesi vom italienischen Radhersteller Gloria Cycles, Laufräder schicken, die er daheim zusammenbaute. Ernesto erkannte schnell, dass er mehr Geld verdienen konnte, wenn er von zu Hause aus arbeitete. Und weil er bei Gloria zum Schweißer ausgebildet worden war, konnte er auch selbst Rahmen bauen. Drei Jahre später eröffnete er in der Via Canvour in Cambiago in der Nähe von Mailand seine erste kleine Werkstatt. Colnagos Räder genossen bei den heimischen Fahrern einen ausgezeichneten Ruf, und schon bald nahmen einige der Topstars seine Dienste in Anspruch, selbst solche, die einen Radhersteller als Sponsor hatten. Colnago hatte reichlich zu tun und arbeitete manchmal nächtelang durch. Einmal baute er in der Nacht vor einem großen Etappenrennen zehn Paar Laufradsätze für ein lokales Team. 1957 gewann Gastone Nencini auf einem seiner Räder den Giro d'Italia.

Die erste seiner vielen innovativen Ideen hatte Colnago zu Beginn der 50er Jahre, als er anfing, kaltgeschmiedete Gabeln zu fertigen. Später baute er das damals mit 5,6 kg leichteste Rad der Welt, auf dem Eddy Merckx am 25. Oktober 1972 in Mexico City den Stundenweltrekord brach. Daraus entstand das legendäre Colnago „Mexico" mit seinen charakteristischen eingedrückten Rohren.

1983 folgten zwei weitere bahnbrechende Colnago-Modelle: Das aerodynamische „Oval CX" und das „Master" mit seinen revolutionären Stahlrohren mit sternartigem Querschnitt. 1986 fertigte Colnago in Zusammenarbeit mit Ferrari dann den ersten Carbonrahmen. 1989 folgte das „C35", ein Carbon-Monocoque, der in einer Rennrad- und einer Mountainbikeversion gebaut wurde, kurz darauf das „Carbitubo" mit zwei parallelen Unterrohren und 1991 schließlich das „Bititan" als leichter Titanrahmen.

Das Prunkstück aus Colnagos Werkstatt war aber das „Master", das steifer und responsiver war als frühere Stahlrahmen. Dadurch ergab sich das stabile und ausgewogene Fahrverhalten, das auch für alle heutigen Colnago-Rahmen charakteristisch geblieben ist. Colnago hat zwar nicht unbedingt immer die leichtesten Rahmen gebaut, dafür sind sie stets zuverlässig und extrem robust, egal aus welchem Material sie gefertigt werden.

„Das Master bedeutete einen Quantensprung für das Rahmendesign", erinnerte sich der Radexperte und Colnago-Kenner Rohan Dubash in einem Feature im „Rouleur"-Magazin. „Darüber hinaus stellte Colnago mit dem Master aber auch die inzwischen allgegenwärtige Precisa vor, die erste Gabel mit geraden Blättern. Diese Bauweise versetzte damals die Fachwelt in Erstaunen und wird noch heute weitgehend missverstanden. Colnago wusste, dass in langen, kraftraubenden Rennen der Fahrer im Vorteil war, der die wenigste Energie verschwendete. Mehr Steifigkeit sorgte zwar für Effizienz, allerdings zulasten des Komforts und der Stoßdämpfung. Im Endeffekt führten die ständigen Stöße zur Erschöpfung des Fahrers. Die Ingenieure von Ferrari zeigten auf, dass eine gerade Gabel die auf den Fahrer wirkenden Stoßkräfte verringerte. Heutzutage ist diese Bauweise der Standard an jedem Colnago-Rad."

1994 war ein besonderes Jahr für Colnago. Anlässlich des 40. Geburtstags des Unternehmens wurde mit dem „C40" ein Carbonrahmen auf den Markt gebracht, der im Rennradbereich lange Zeit das Maß aller Dinge darstellte. Mit keinem anderen Rahmen wurden so viele Rennen gewonnen wie mit dem „C40", von Paris–Roubaix bis hin zu mehreren Weltmeisterschaften. Nach zehn erfolgreichen Jahren brachte Colnago dann 2004 rechtzeitig zum 50. Firmenjubiläum das Nachfolgemodel „C50" heraus.

Aber Ernesto Colnago hat sich nicht nur als Rahmenbauer hervorgetan und dem Sport einige der schönsten Räder beschert, die jemals gebaut wurden. Er hat auch ein unbestechliches Auge für große Talente bewiesen und zahlreiche enorm veranlagte Fahrer entdeckt, bevor sie ihre erfolgreichen Profikarrieren starteten. U.a. wurden Giuseppe Saronni, Pavel Tonkov und Yaroslav Popovych von Colnago gefördert. In den 1970er und 1980er Jahren schickte er jedes Jahr 30 Räder in die Sowjetunion.

Auch heute noch unterstützt Colnago einheimische Fahrer, die sich kein eigenes Rad leisten können, und stellt ihnen eine gebrauchte Maschine zur Verfügung, mit der sie Rennen bestreiten können. Er weiß, wie schwer der Einstieg in den Sport sein kann und wie wichtig eine gute Ausrüstung ist. Er kennt viele der Fahrer persönlich und erinnert sich, so wie jeder echte Fan des Sports, an jeden einzelnen ihrer Siege. Als Sponsor stiftet Colnago Jahr für Jahr um die 530 Räder, alle maßgefertigt und vom Chef persönlich abgenommen. Fahrer, die für ein von Colnago unterstütztes Team fahren, bekommen also wirklich genau das, was sie haben möchten.

Fiorenzo Magni, Gastone Nencini, Eddy Merckx, Giuseppe Saronni, Gianni Motta, Gibì Baronchelli, Michele Dancelli, Gianni Bugno, Oscar Freire, Johan Museeuw, Tony Rominger, Pavel Tonkov, Yaroslav Popovych, Erik Zabel und Alessandro Petacchi haben alle eines gemeinsam: Sie haben fast alle großen Rennen gewonnen, die es im Profiradsport gibt, und zwar auf einem von Ernesto Colnago entworfenen und gebauten Rad. Insgesamt hat Colnago bis heute 100 Profiteams mit mehr als 2.500 Fahrern unterstützt, die zusammen weltweit über 7.500 Siege errungen haben.

Der Mann, dem wir viele der wichtigsten Entwicklungen auf dem Gebiet der Fahrradrahmen zu verdanken haben, war – genau wie zwei Jahrzehnte zuvor sein Landsmann Tullio Campagnolo – im Herzen stets zuerst ein Rennfahrer und erst dann ein Ingenieur.

COLNAGO

Verwendete Materialien:
Carbon, Stahl und Aluminium.

Angestellte:
50

Preisspanne:
Von 1.500 bis 10.000 Euro.

Wartezeit (im Schnitt):
8 bis 10 Wochen, je nach gewünschtem Modell.

Gebaute Rahmen pro Jahr (im Schnitt):
Etwa 20.000.

Wer sind deine Kunden und wie würdest du sie „definieren"?
Anspruchsvoll, fachkundig und verständig.

Seit wann baust du Räder?
Seit 55 Jahren.

Baut ihr auch Rahmen für den Profibereich?
Ja, inzwischen für mehr als 200 Teams. Die Beziehung zwischen Hersteller und Sponsor ist sehr wichtig, es ist fast wie eine Familie. Man braucht eine enge Beziehung, um gute Ergebnisse zu erzielen. Wir haben z.B. zehn Jahre lang mit Rabobank kooperiert, und diese Zusammenarbeit ist ein gutes Beispiel: Von Rabobank kam das Geld, von uns die Räder, und die Fahrer haben ihr Herz beigesteuert. Man muss zusammenarbeiten, um erfolgreich sein zu können.

Wodurch wurde dein Interesse für den Fahrradbau geweckt?
Das wurde mir in die Wiege gelegt.

Wer hat dir dein Handwerk beigebracht?
Ich habe mit 13 Jahren angefangen, für Gloria in Mailand zu arbeiten. Das war am 25. November 1946, dem Tag der Heiligen Katharina. Eigentlich war ich noch zu jung, um zu arbeiten, man musste mindestens 14 sein. Also habe ich das Datum auf meinen Arbeitspapieren geändert und wurde als Schweißgehilfe angeheuert. Außerdem war ich 25 Jahre lang Mechaniker für einige der berühmtesten Profiteams der Welt.

Welches ist das beste Rahmenmaterial?
Jede Zeit hat ihr eigenes Material. Heute ist es Carbon. Wir haben Räder aus Stahl gebaut, dann aus Titan, aber Titan ist zu schwer - 15 Prozent zu schwer - später aus Aluminium und heute aus Carbon. Was danach kommt? Keine Ahnung.

Welches ist die spannendste neue Entwicklung hinsichtlich Rahmendesign oder Rohrtechnologie?
Vielleicht die nächste? Ich habe viele Fahrräder gebaut, aber das schönste ist immer das, welches noch gebaut werden muss.

Welches ist das wichtigste Element des Rahmens?
Jeder Teil des Rahmens ist wichtig.

Was möchtest du für deine Kunden erreichen?
Ich versuche immer, für meine Kunden das Beste zu geben, und bemühe mich, ihre Erwartungen nicht zu enttäuschen.

Wer ist oder war der beste Rahmenhersteller und warum?
Kein Kommentar.

SRAM
OG-1090
Lock
11T
12T

Antrieb

Pedale

Bis 1983 hatten sich Rennradpedale über Jahrzehnte kaum verändert. Das von Campagnolo eingeführte System mit Pedalhaken und Lederriemen hatte sich im Profiradsport weitgehend durchgesetzt und wurde von allen anderen Herstellern übernommen. So war es ausgerechnet einem französischen Skibindungshersteller vorbehalten, eine Idee zu präsentieren, die das Pedaldesign für Fahrräder revolutionieren sollte: das System- bzw. Klickpedal.

IN DIESEM ABSCHNITT

Systempedale

Die Firma Look schaute sich damals Fahrradpedale an und erkannte, dass Skistiefel und Radschuhe vieles gemeinsam haben. Also verwarfen sie die ganzen Metallhaken und Lederriemen und entwickelten stattdessen ein System, bei dem der Schuh mittels einer Pedalplatte, dem Cleat, einfach in das Pedal eingerastet und herausgedreht werden kann, so wie es heute noch mehr oder weniger der Fall ist. Etwa zur gleichen Zeit brachte auch die neuseeländische Firma Keywin ein neuartiges Pedal auf den Markt, das auf ähnliche Weise funktionierte. Es war leichter und ausgereifter als das Original von Look und hatte zudem eine wesentlich einfachere Bindung. Trotzdem setzten sich die Franzosen durch, nicht zuletzt dank ihres weitaus größeren Marketingbudgets und der cleveren Idee, das Profiteam La Vie Claire zu sponsern, das 1985 mit Bernard Hinault auf Anhieb die Tour de France gewann.

Campagnolo entwickelte als erstes der großen Unternehmen ein eigenes System und brachte 1987 das haarsträubend komplizierte und viel zu schwere SGR-Pedal heraus. Das SGR konnte mit dem Vorbild von Look nicht mithalten und verschwand bald wieder vom Markt. Campagnolo stellt auch heute noch ein Klickpedal her, das Pro-Fit, das eine Mischung aus dem Design von Look und dem Drahtspangensystem von Time darstellt. Obwohl es gut gemacht und effektiv ist, konnte es sich nicht so durchsetzen wie die Varianten der etablierten Pedalanbieter.

Die ersten Systempedale stießen nicht bei allen Fahrern, die an Pedalhaken und Riemen gewöhnt waren, auf ungeteilte Begeisterung. Waren die Cleats nicht exakt ausgerichtet, konnten sie für eine unnatürliche Fußstellung sorgen und damit Knieprobleme verursachen. Das neue System brachte außerdem eine grundlegende Veränderung der Tritttechnik mit sich. Die Fahrer brauchten eine Weile, um sich damit vertraut zu machen.

1988 brachte der französische Hersteller Time sein erstes Klickpedal heraus, das TBT. Es war die erste Variante der neuen Technik, die dem Fuß eine gewisse seitliche Beweglichkeit bzw. Fersenfreiheit einräumte, weswegen das eigentlich sehr schwere und komplizierte System bei

Fahrern, die unter Knieproblemen litten, großen Anklang fand. Wenig später kam eine ähnliche Variante von Mavic mit eingebautem Gleitmechanismus auf den Markt. Das Teil war ziemlich klobig und aus minderwertigen Materialien gefertigt, immerhin aber konnte die Fersenfreiheit justiert werden. Look löste das Problem eingeschränkter Beweglichkeit, indem man die Form der Cleats veränderte und so für ein wenig Spiel sorgte. Das sah nicht besonders elegant aus, war aber effektiv und ermöglichte es, das bewährte System beizubehalten.

Shimano war zu der Zeit noch damit beschäftigt, sein für Mountainbikes vorgesehenes SPD-System (Shimano Pedalling Dynamics) zu entwickeln. In den Rennradbereich stießen die Japaner dann 1988 vor, indem sie zunächst bei Look Systempedale in Lizenz herstellen ließen. 1993 folgte dann das erste eigene Klickpedal für Rennräder, das sich am Look-Design orientierte und die Cleats des SPD-Systems verwendete. Das Resultat war insgesamt wenig ausgereift. Die Platten hatten etwas seitliches Spiel, boten aber eine nur geringe Aufstellfläche. Viele Fahrer fanden das System umständlich und beklagten mangelnde Stabilität aufgrund der bisweilen wackligen Cleats. Shimano brachte schließlich das Nachfolgesystem SPD-R heraus, das allerdings für den Rennradbereich zu hohe Auslösekräfte erforderte. Aufgrund dessen ist die Variante bei Bahnfahrern noch heute verbreitet, für die Straße musste aber etwas anderes her.

Heutzutage gibt es eine riesige Auswahl an Klickpedalen. Look hat sein System, seitdem es erstmals vorgestellt wurde, weitgehend beibehalten und ist nach wie vor Marktführer. Die Cleats werden genau wie damals mit drei Schrauben befestigt, was als einer der wenigen Industrienormen in dieser Branche gelten darf, und auch die meisten Rennradschuhe werden mit drei Schraubenlöchern gefertigt. Material und Verarbeitung haben sich mit der Zeit ohne Zweifel verbessert, aber insgesamt hat sich im Laufe der Jahre kaum etwas verändert, was nur unterstreicht, wie gut das ursprüngliche Design konzipiert war. Es wurden zwar diverse Ansätze ausprobiert, die meisten arbeiten aber nach dem bewährten Prinzip mit Einrasten und Auslösen. Mittlerweile ist eine Vielzahl unterschiedlicher Pedalsysteme erhältlich, die bessere Ergonomie, Kraftübertragung oder Auslösemechanismen versprechen. Die Profis vertrauen in der Regel aber auf Modelle von Look, Shimano, Time und Speedplay, die sich als zuverlässig erwiesen haben und problemlos verfügbar sind.

Nach mehreren Neukonzeptionen ist Shimano inzwischen bei SPD-SL angelangt, ihrem neuesten und bislang erfolgreichsten System. In der Dura-Ace-Version wird dieses in Leichtbauweise gefertigte Modell von vielen Radprofis benutzt, darunter Lance Armstrong. Die Bauweise ähnelt dem Design von Look und weist breitere Pedalplatten als frühere Versionen auf. Shimanos großer Pluspunkt ist, dass ihre Pedale allesamt das gleiche

Von links nach rechts: Systempedale von Time, Mavic und Look.

Cleat-Design aufweisen, aber in allen erdenklichen Qualitätsstufen und Preisklassen erhältlich sind.

Der amerikanische Hersteller Speedplay stieß vor rund zehn Jahren mit einer neuen Idee auf den Markt vor. War der Auslösemechanismus bis dahin bei allen gängigen Systemen in die Bindung integriert gewesen, verlegte Speedplay die Mechanik kurzerhand in die an der Schuhsohle angebrachte Pedalplatte. Ihr erstes Pedal, das X, ermöglichte dem Fuß fast uneingeschränkt freies Spiel auf dem Pedal, was zunächst ein wenig gewöhnungsbedürftig war, aber bald zum neuen Maßstab wurde. Erreicht wurde dies durch einen runden, in seiner Form an einen Lolli erinnernden Pedalkörper, der ohne bewegliche Teile auskam und mit einer einfachen Federung in der Pedalplatte arbeitete. So ließen sich die Pedale beidseitig benutzen, was mehr Sicherheit und Komfort brachte, und es konnte einiges an Gewicht eingespart werden. Zudem wurden die Füße näher zur Pedalachse hin verschoben, wodurch eine bis dahin unerreichte Kurvenfreiheit (bis zu 39°) gewährleistet wurde.

Speedplays neuestes Modell, das Zero, ist neben Look eines der meistbenutzten Pedale im Profibereich. Es ermöglicht eine justierbare Fersenfreiheit von bis zu 15° und hat einen verbesserten und sichereren Auslösemechanismus. Dank ihres geringen Gewichts finden Zero-Pedale großen Anklang. Sie wiegen um die 100 g weniger als das nächstleichtere Konkurrenzmodell, wobei das Systemgewicht (Pedal plus Platte) aber nicht ist besser als bei Look oder Time. Auch die X-Reihe wird nach wie vor hergestellt, was für die hervorragende Qualität des Modells spricht, das vor zehn Jahren vorgestellt wurde. Die meisten anderen Anbieter haben ihre Systeme seither mehrfach neu konzipiert und überarbeitet.

Time ist seinem ursprünglichen Design auch mit seinem jüngsten System treu geblieben. Sowohl Bauhöhe (der Abstand zwischen Schuhsohle und Pedalachse) als auch Q-Faktor (siehe „Kurbeln", Seite 172) der RXS- und XEN-Pedale sind jeweils sehr gering. Allein schon deswegen sind sie bei vielen anspruchsvollen Profis, die über die Feinabstimmung jeden noch so geringen Vorteil aus ihrem Setup herausschlagen wollen, enorm angesagt. Darüber hinaus weist das neueste Modell von Time, das RXS Ulteam Ti Carbon, eine hohlgeschmiedete Titanachse und einen carbonverstärkten Kunststoffkörper auf. Weiterhin werden Titanfedern und Lagerdichtungen aus Aluminium verwendet, wodurch sich ein Pedal ergibt, das zwar komplizierter, aber mit 180 g ebenso leicht ist wie das Kéo von Look.

Die Pedale von Look sind im Laufe der Jahre immer materialsparender und leichter geworden. Das Kéo-System verwendet einen ähnlichen Cleat wie das allererste Look-Modell, weist aber eine minimale Mechanik auf. Es bietet eine vergrößerte Kontaktbreite von 57 mm, ermöglicht eine justierbare Fersenfreiheit von bis zu 9° und wiegt 180 g. Auch 25 Jahre, nachdem die Franzosen das erste Klickpedal auf den Markt brachten, ist das Look-System noch immer das meistbenutzte im Fahrerfeld.

Kassetten

1984 stellte Shimano die erste indexierte Dura-Ace-Gruppe vor. Die Reaktionen waren gemischt, und es dauerte eine Weile, bis die kritischen Profifahrer mit dem neuen System warm wurden. Aber letztlich markierte die Neuerung den Anfang vom Ende des stufenlosen und daher umständlichen und ungenauen Schaltens „nach Gefühl".

Die Funktionsweise der einzelnen Schaltkomponenten ist seither stetig weiterentwickelt worden. Statt der sechs Zahnkränze, mit denen das ursprüngliche System von Shimano damals auskam, sind mittlerweile Pakete mit bis zu elf Ritzeln möglich, wie bei den aktuellen Gruppen von Campagnolo. Rennräder verfügen heutzutage über bis zu 30 Gänge (sofern man ein Dreifach-Kettenblatt verwendet), sodass für praktisch jede Situation die passende Übersetzung gewählt werden kann. Eine größere Anzahl an Ritzeln hat in erster Linie den Vorteil, in feineren Abstufungen schalten zu können. Durch die kleineren Schaltschritte muss seltener zwischen den einzelnen Kettenblättern gewechselt werden, was den Schaltvorgang insgesamt vereinfacht.

Shimano und Campagnolo bieten inzwischen Ritzelpakete mit gruppenweise verschweißten Zahnkränzen an. Das erleichtert Wartung und Montage, bedeutet aber auch, dass gleich die komplette Einheit ausgetauscht werden muss, wenn ein einzelner Zahnkranz verschlissen ist. Im Laufe der Jahre hat sich auch das Profil der einzelnen Zähne verändert. Heutzutage sind sie individuell geformt und weisen Steighilfen auf, die den Wechsel der Kette von einem Ritzel auf das nächste unterstützen. Dadurch ergibt sich ein weicher und leichtgängiger Schaltvorgang. Das ganze System muss aber sorgfältig gewartet werden, um sauberes Schalten zu gewährleisten, und auch die Kette sollte regelmäßig, d.h. etwa alle 2.000 km, gewechselt werden. Sofern sie pfleglich behandelt werden, halten Kassetten aber eine ganze Weile.

SRAM geht sogar noch einen Schritt weiter als Shimano und Campagnolo. Die neueste Kassette der Red-Gruppe wird an einem Stück gefertigt und auf raffinierte Weise, mit nur einem Verschlussring hinter dem größten Zahnkranz, auf die Freilaufnabe montiert. Sie ist wesentlich leichter als die Titan-Kassette aus Campagnolos Record-Gruppe und (wenn auch nicht offiziell) mit Shimano-Schaltungen kompatibel.

Campagnolos 11-fach-Kassette ermöglicht sehr weiches Schalten, erfordert aufgrund der im Vergleich zu den 9-fach- und 10-fach-Varianten schmaleren Kette und engeren Toleranzen allerdings ein präzises Setup und sorgfältige Wartung.

ÜBERSETZUNG

Standardabstufungen Shimano:

10-fach: 11–21 11–23 11–25 11–27 11–28 12–23 12–25 12–27

Standardabstufungen Campagnolo:

10-fach: 11–21 11–23 11–25 12–23 12–25 13–26 13–29

11-fach: 11–25 12–25 12–27

Standardabstufungen SRAM:

10-fach: 11–23 11–25 11–26 11–28

Um andere Übersetzungen mit 10-fach-Schaltkomponenten zu erhalten, musst du auf eine Kassette von Marchisio oder Mavic zurückgreifen. Der große Unterschied ist, dass sie anders als Shimano, Campagnolo und SRAM einzelne Ritzel mit Spacern verwenden statt vorgefertigter Pakete. Weil sie nicht als Teil einer kompletten Schaltlösung entwickelt wurden, arbeiten sie nicht ganz so geschmeidig wie die Kassetten der großen Anbieter. Dafür kann mit ihnen mittels eines zur jeweiligen Einbaubreite passenden Adapters fast jedes Laufrad auf jedes beliebige Schaltsystem umgerüstet werden.

Von oben nach unten: 10-fach-Kassetten von SRAM, Shimano und Campagnolo.

Ketten

Das einzigartige Design der Fahrradkette ist erstaunlich effizient und hat sich daher seit Jahrzehnten praktisch nicht verändert. Moderne Ketten weisen in der Regel eine Teilung von ½ Zoll (12,7 mm) auf, allerdings hat das Streben nach immer mehr Ritzeln zu immer schmaleren Ketten und ziemlich komplizierten Bauweisen geführt.

Leider bedeutet das auch, dass Schaltungsketten heutzutage schneller verschleißen als jemals zuvor. Die schmaleren Ketten für 10-fach-Getriebe sind aus verbesserten Materialien gefertigt und durchaus robust, doch die ständigen Schaltvorgänge bringen es nun mal mit sich, dass die Kette starken seitlichen Belastungen ausgesetzt ist, wodurch sich die einzelnen Glieder längen und die Ritzel langsam verschleißen. Auch durch überhastetes Schalten und mangelnde Wartung werden Ketten in Mitleidenschaft gezogen.

Die Kette besteht aus Außen- und Innenlaschen, in denen Rollen verlaufen. Die innere Weite der Glieder gibt die Kettenbreite an, die bei Rennrädern in der Regel 3/32 Zoll (2,38 mm) beträgt. Die Außenbreite bestimmt, für welches Ritzelpaket die Kette geeignet ist. Campagnolo hat eine Kette entwickelt, bei der die Kettenbolzen, die die einzelnen Elemente zusammenhalten, mit den Außenlaschen bündig abschließen. Dadurch ergibt sich eine schmalere Kette, die mit einem herkömmlichen Notfallwerkzeug aber nicht mehr zu öffnen ist. Nachdem die Kette für ihr erstes 10-fach-System noch 6,1 mm breit war, ist Campagnolo inzwischen bei erstaunlichen 5,5 mm für das neue 11-fach-Getriebe angelangt. Man möchte sich lieber nicht ausmalen, was passieren kann, wenn die Fahrer mit 70 km/h und einer Übersetzung von 53/11 auf die Zielgerade kommen. Tatsächlich gab es mit den ersten 10-fach-Ketten ein paar Probleme mit der Montage (wohlgemerkt nicht mit Materialversagen), was zu einigen unschönen Zwischenfällen und nervösen Teammechanikern führte. Dementsprechend sind die Montageanleitungen für 10-fach-Ketten ziemlich umfangreich und kompliziert.

Klar ist, dass eine schmale Kette nicht ewig hält. Ihre durchschnittliche Lebensdauer von etwa 3.000 km ist nicht viel länger als die eines normalen Satzes Rennreifen. Und wesentlich leichter als herkömmliche Ketten sind sie auch nicht. Die Ultra Shift 11-fach-Kette von Campagnolo wiegt mit 245 g nur 20 g weniger als die 9-fach-Variante. Letztere kannst du zudem mit einem herkömmlichen Kettenwerkzeug reparieren. Falls du also eine Tour durch den Himalaya planst, solltest du dich besser für eine pflegeleichtere Kette entscheiden.

Links: Bahnketten sind wesentlich robuster (und simpler) als Ketten für Schaltsysteme. Sie müssen nicht zwischen den Ritzeln wechseln, dafür aber den enormen Kräften beim Sprint standhalten.

Kettenschlösser

Moderne Antriebsketten sind so dünn und empfindlich, dass du Spezialwerkzeuge benötigst, um sie zum Reinigen oder Reparieren zu öffnen, falls sie auf halbem Weg nach Alpe d'Huez den Geist aufgeben.

Mit dem PowerLock-Kettenschloss bietet SRAM eine brauchbare und werkzeugfreie Lösung, die es ermöglicht, sämtliche SRAM-Ketten (8-fach, 9-fach und 10-fach) zu öffnen und wieder zu schließen. Wippermann stellt einen ähnlichen Verschluss her, die beste Variante ist aber diejenige für die Dura-Ace-7900-Ketten von Shimano. Sie ist leicht zu öffnen und – wer hätte das gedacht – kann immer wieder verwendet werden. Campagnolo bietet derzeit noch kein werkzeugfreies Kettenschloss an.

Kompatibilität

Meiner Erfahrung nach kann man problemlos die Ketten anderer Hersteller verwenden, solange die Breite passt. Ich bin immer wieder überrascht, dass selbst Profis bisweilen „gruppenfremde" Ketten benutzen. Vor allem Fabrikate von Shimano scheinen bei den Abtrünnigen sehr beliebt zu sein (selbst wenn sie für ein von Campagnolo gesponsertes Team fahren).

Bahnketten

Bahnketten werden nicht seitwärts bewegt, weswegen sich ihre Lebensdauer in Jahren statt nur in Monaten bemisst. Die Ketten sind dick, sodass sie den Kontakt mit dem Ritzel wahren und nicht vom Kettenblatt springen. Die Ritzel und Kettenblätter sämtlicher Bahnräder sind grundsätzlich auf den Gebrauch von 1/8"-Ketten ausgelegt, 3/32"-Ketten funktionieren also nicht. Japanische Bahnketten, z.B. von Izumi, DID und HKK, sind die besten, ich persönlich kann aber auch die Whitestar von Wippermann und SRAMs PC7X-Nickelkette sehr empfehlen.

Schmale Ketten erfordern präzises Werkzeug. Heutzutage sind eine Reihe hervorragender Tools erhältlich, die eine fehlerfreie Montage ermöglichen.

WIPPERMANN

Wippermann stellt eine Edelstahlkette her, die nicht die Welt kostet und hervorragend funktioniert. Selbst nach einer langen Ausfahrt durch den Regen bilden sich keine Rostflecken. Ihre 10-fach-, 9-fach- und 8-fach-Connex-Ketten sind unkompliziert und zuverlässig und dank des werkzeugfreien Kettenschlosses „Connex Link" sehr einfach zu montieren und zu warten.

CAMPAGNOLO

Campagnolo bereitete 1999 den Weg für 10-fach-Ketten und -Schaltsysteme. Die Campagnolo-Kette ist in den letzten Jahren mehrfach überarbeitet worden. Heraus kam dabei zunächst die 10-fach-Kette Ultra Narrow und zuletzt die 11-fach-Kette Ultra Shift. Bei der Montage ist größte Sorgfalt geboten, denn die Bolzen und Glieder sind sehr empfindlich. Wenn du viel fährst und unbedingt elf Ritzel haben möchtest, wirst du damit leben müssen, dass einiges an Kosten auf dich zukommt. Du brauchst ein teures Kettenwerkzeug und musst dich außerdem darauf gefasst machen, die Kette drei bis vier Mal im Jahr zu wechseln.

SRAM

Bevor sie von SRAM aufgekauft wurden, zählten die beiden Unternehmen Sachs und Sedis zu den größten Herstellern von Ketten in Europa. Diese geballte Kompetenz brachte das vielleicht beste Schaltsystem und die zuverlässigsten Ketten hervor, die auf dem Markt zu haben sind. Die Montage der 10-fach-Kette von SRAM, die für die Rival-Road- und Force-Gruppen verwendet wird, ist so einfach wie bei keinem anderen System.

SHIMANO

Shimano hat die Form der Außenlaschen überarbeitet, um sauberes und leichtgängiges Schalten zu gewährleisten. Mit der neuartigen, asymmetrischen Laschenform für die 10-fach-Kette der Dura-Ace-7900-Gruppe hat Shimano das sonst so konservative Kettendesign quasi auf den Kopf gestellt. Diese Form soll dazu dienen, den Kontakt der Kette mit den Zähnen zu verbessern, ohne die charakteristischen weichen Schalteigenschaften zu beeinträchtigen. Die Kette ist zudem widerstandsfähiger als frühere Varianten und läuft leiser – man hört praktisch nichts. Durch die Verwendung von Hohlstiften wurde das Gewicht zwar nur um rund 18 g verringert, aber dafür sehen die Glieder ziemlich edel aus. Laut Shimano funktioniert die Kette nur mit ihrer eigenen 10-fach-Kassette.

Dario Pegoretti

Via Brenta 46
38052 Caldonazzo
Trient
Italien
www.pegoretticicli.com

„Fatti con le mani"

„Von Hand gemacht"

Dario Pegoretti ist einer der einflussreichsten Rahmenbauer unserer Zeit. Pegoretti, der früher selbst ein guter Rennfahrer war, erlernte sein Handwerk in der Werkstatt seines Schwiegervaters Luigino Milani in Ilasi in der Nähe von Verona. Die Räder von Milani sorgten zwar nie durch ihre Innovationsfreude für Schlagzeilen, ohne Zweifel aber zählte er zu den führenden Rahmenbauern der 1970er Jahre, und seine Fähigkeiten wurden von einheimischen Rennfahrern hoch geschätzt. Irgendwann baute dann Dario für sie die Räder. Im Training fuhr er neben den Fahrern her, um „meine Arbeit in Bewegung zu sehen". Die Anpassung, sagt er, lässt sich halt nur in Bewegung optimieren, wenn man Fahrweise und Tritttechnik des Fahrers sehen kann. Dann werden gegebenenfalls Änderungen vorgenommen, Umbauten durchgeführt und Fehler korrigiert. Für Dario ist dies alles seit jeher ein essenzieller Teil des Prozesses.

Ein großer technischer Durchbruch gelang Pegoretti in den 1990er Jahren, als er mit dem WIG-Schweißverfahren zu experimentieren begann. Er arbeitete eng mit Dedacciai zusammen, einem jungen, innovativen Unternehmen, das von unzufriedenen Columbus-Mitarbeitern gegründet worden war. Columbus (und später Dedacciai) war der Hauptkonkurrent des britischen Rohrherstellers Reynolds und hatte in Italien einen gewaltigen Marktanteil. Mehr als ein Jahrzehnt lang arbeitete Pegoretti mit zahlreichen Rohrherstellern wie Dedacciai oder auch der französischen Firma Excell am Design und der Entwicklung neuer Rohrsätze. Er war der erste italienische Rahmenbauer, der erfolgreich mit WIG-Techniken arbeitete, und die Dyna-Lite- und Radius-Sätze, die dabei herauskamen, zählten zu den besten, die damals aus Stahl gefertigt wurden.

Zwischen 1991 und 1997 baute Pegoretti fast ausschließlich Rahmen für große Ausrüster, die auch Profiteams unterstützten, u.a. Pinarello und Carrera. Schaut man sich die Räder solcher Stars der damaligen Zeit wie Miguel Indurain, Stephen Roche oder Claudio Chiappucci an, sind Darios Arbeiten klar zu erkennen. Indurains verlängertes Steuerrohr z.B. trägt eindeutig Pegorettis Handschrift.

Pegorettis perfekt geschnittene und geschweißte Rohre waren wesentlich leichter als gemuffte Fabrikate. Und leichtere Räder waren natürlich genau das, was sich die Profis fürs Hochgebirge wünschten. Aber weil es die meisten Rahmenbauer damals noch vorzogen, Stahlrahmen mit Muffen zu fügen, und weil wärmebehandelte Legierungen noch als unzuverlässig und unausgereift zu gelten hatten, war es nicht leicht, ihren Ansprüchen gerecht zu werden. Doch auf Grundlage von Pegorettis weiter perfektionierter Technik wurden gewaltige Fortschritte in der Stahlrohrtechnologie erzielt. Auch heute noch ist er in diesem Bereich aktiv und arbeitet an

Verfahren für Edelstahlrohre und die PegoRichie-Rohre, die er zusammen mit seinem amerikanischen Kollegen Richard Sachs entwickelt hat. Mit der Kreativität eines Künstlers und dem Geschick eines Ingenieurs brachte er Techniken und Methoden in den Rahmenbau ein, über die das Gros der Wettbewerber nicht einmal nachzudenken wagte. Und bis heute sorgt Pegoretti mit innovativen Designs für Aufsehen, z.B. mit einer Reihe ausgefallener Bauweisen für Sitz- und Kettenstreben.

Für jeden, der etwas mit Radsport zu tun hat, sind Fahrräder ein emotionales Thema. Dario bildet da keine Ausnahme. Viele Radfahrer lassen sich bei Kaufentscheidungen davon leiten, ob Marke und Design eines Rahmens diese Emotionen in ihnen entfachen. Interessanterweise kaufen heutzutage nur noch wenige Italiener die Räder von Pegoretti, sodass die meisten seiner Stücke ins Ausland, vor allem in die USA, verschickt werden.

Was die Räder von Pegoretti so einzigartig macht, sind die makellose Verarbeitung und die Persönlichkeit, die jedes einzelne von ihnen ausstrahlt. Von der Auswahl der Rohre bis hin zur Lackierung und manchmal sogar den persönlichen Widmungen des Meisters ist stets unverkennbar: Alle Räder von Pegoretti werden von Hand und mit viel Liebe gefertigt.

„Vielleicht 10 Prozent brauchen einen maßgefertigten Rahmen, aber 100 Prozent brauchen eine gute Anpassung.“

Verwendete Materialien:
Stahl und Aluminium.

Angestellte:
3

Preisspanne:
1.900 bis 3.000 Euro.

Wartezeit (im Schnitt):
Acht Monate.

Gebaute Rahmen pro Jahr:
Etwa 350.

Wer sind deine Kunden und wie würdest du sie „definieren“?
Leute, die mit der Zeit gehen, aber ein klassisches und gleichzeitig eigenständiges Rad haben möchten.

Seit wann baust du Räder?
Seit 35 Jahren.

Hast du jemals Räder für Profiteams gebaut?
Ja, früher, für viele sogar.

Wodurch wurde dein Interesse für den Rahmenbau geweckt?
Geldnot.

Wer hat dir dein Handwerk beigebracht?
Luigino Milani.

OLUMBUS
10 TON.
COVERS

„Ich war ein bisschen durchgeknallt, also habe ich die Typen mit in die Werkstatt genommen, ihnen die Lötlampe in die Hand gedrückt und gesagt: Dann mach' mal."

Wer beeinflusst dich heute?
Niemand. Rahmen sollten einen bestimmten Zweck erfüllen und sich nicht einfach am Markt orientieren. Es geht nicht ums Geld. Ich finde, es ist dumm, irgendwelchen Trends zu folgen. Viel besser ist es, selbst Trends zu setzen. Das ist natürlich gar nicht so einfach, aber ich glaube, es ist richtig.

Welches ist das beste Rahmenmaterial?
Es gibt kein „bestes" Material, viel wichtiger sind Erfahrung, handwerkliches Geschick und die Frage, welchen Zweck das Material, das du wählst, erfüllen soll. Es gibt gute und schlechte Stahlrahmen, genauso wie es gute und schlechte Aluminiumrahmen gibt.

Wie vermesst ihr eure Kunden?
Mit einem Maßband. Wenn du ich mich fragst, brauchen 90 Prozent der Fahrer keinen maßgefertigten Rahmen. Sie sehen das natürlich anders, denn jeder hat irgendein Problem, sei es der Rücken, die Schulter oder sonst irgendwas, und natürlich möchte jeder einen „komfortablen" Rahmen haben. Vielleicht 10 Prozent brauchen einen maßgefertigten Rahmen, aber 100 Prozent brauchen eine gute Anpassung. Es gibt viele ältere Fachgeschäfte, die eine Menge Erfahrung darin haben.

Welches ist die spannendste neue Entwicklung hinsichtlich Rahmendesign oder Rohrtechnologie?
Da gibt es nichts weiter Aufregendes. Ich finde es wichtiger, mit dem Rad umgehen zu können und sich eine gute Sitzposition anzueignen, als den neuesten Carbonrahmen zu besitzen.

Welches ist das wichtigste Element des Rahmens?
Das Design der Rohre und die Erfahrung des Rahmenbauers, der sein Handwerk beherrschen muss.

Was möchtest du für deine Kunden erreichen?
Manchmal versuche ich, meinen Kunden bestimmte Dinge auszureden. Früher war das schwieriger, damals kamen irgendwelche Spinner in den Laden und meinten, sie wollten diese und jene Kettenstreben und diese und jene Winkel. Ich war ein bisschen durchgeknallt, also habe ich die Typen mit in die Werkstatt genommen, ihnen die Lötlampe in die Hand gedrückt und gesagt: Dann mach' mal. Wenn du krank bist, gehst du doch auch nicht zum Arzt und sagst ihm, was er tun soll, oder? Das ist eine Sache des Respekts. Ich sage meinen Kunden: Wenn du auf dein Rad steigst, musst du darüber nachdenken, was zwischen dir und der Maschine passiert. Es geht nicht nur darum, in die Pedale zu treten.

Wer ist oder war der beste Rahmenbauer und warum?
Da nenne ich ein Bespiel aus der Vergangenheit: Ugo de Rosa. Er hat es geschafft, über viele Jahre einen hohen Qualitätsstandard aufrechtzuerhalten und trotzdem beachtliche Stückzahlen herzustellen. Was heutige Rahmenbauer angeht, braucht man sich nur die Seite www.framebuilders.org anzusehen, dazu kommt Yoshiaki Nagasawa.

Fine Grain
Made in

DARIO PEGORETTI

LUIGINO

SPRINTER
MAVIC
ULTIMATE
MAVIC
CARBONE
MAVIC
handmade in germany
DURA-ACE
DURA-ACE

Herstellerverzeichnis

Websites und weiterführende Literatur

Danksagung

Register

Herstellerverzeichnis

STAHL
Independent Fabrication – www.ifbikes.com
Dario Pegoretti – www.pegoretticicli.com
Richard Sachs – www.richardsachs.com
Scapin – www.scapin.com
Tommasini – www.tommasini.com
Mercian – www.merciancycles.com
Vanilla – www.vanillabicycles.com
Gios – www.gios.it
De Rosa – www.derosanews.com
Ben Serotta – www.serotta.com

ALUMINIUM
Dario Pegoretti – www.pegoretticicli.com
De Rosa – www.derosanews.com
Storck – www.storck-bicycle.de
Gios – www.gios.it

TITAN
Merlin – www.merlinbike.com
Independent Fabrication – www.ifbikes.com
Ben Serotta – www.serotta.com
De Rosa – www.derosanews.com
Seven Cycles – www.sevencycles.com
Moots – www.moots.com
Lynskey – www.lynskeyperformance.com
Titus – www.titusti.com

CARBON
Independent Fabrication – www.ifbikes.com
Ben Serotta – www.serotta.com
Crumpton – www.crumptoncycles.com
Parlee – www.merciancycles.com
Colnago – www.colnago.com
Cyfac – www.cyfac.fr
De Rosa – www.derosanews.com
Calfee – www.calfeedesign.com
Kestrel – www.kestrelbicycles.com
Storck – www.storck-bicycle.de
Aegis – www.aegisbicycles.com

Diese Liste erhebt keinerlei Anspruch auf Vollständigkeit. Es handelt sich um Hersteller, mit denen ich Erfahrungen gemacht habe und deren Räder ich gefahren bin. Ich denke, sie liefern gute Arbeit ab. In manche Fällen sogar sehr gute Arbeit.

Leider muss ich sagen, dass der italienische und britische Rahmenbau nicht mehr das ist, was er einmal war. Viele der hier genannten Hersteller kommen aus den USA, woran sich ablesen lässt, welch enorme Entwicklung die Branche dort erlebt hat. Manche Leute meinen, es läge daran, dass die amerikanischen Kunden anspruchsvoller sind. Andere wiederum behaupten, dass dort so hohe Fertigungs- und Qualitätsstandards herrschen wie nirgendwo sonst. Wie auch immer, alle guten Fahrradbauer verwenden beträchtliche Zeit und Sorgfalt darauf, dir das Rad zu bauen, das du dir erträumt hast.

Verlasse dich aber nicht einfach nur auf mein Wort. Ein tolles Rad zu finden, braucht seine Zeit. Hole die Meinungen deiner Freunde ein und lasse dich von Fachhändlern und Fahrradbauern vor Ort beraten. Vor allem aber solltest du andere Leute fragen, welches Rad sie fahren und warum. Ihre Antworten werden dir ein besseres Bild davon vermitteln, welches das richtige Rad für dich ist.

Dies sind also einige der Hersteller, die noch immer maßgefertigte Räder bauen, an Handarbeit im Rahmenbau glauben und sich Zeit für ihre Kunden nehmen, damit diese genau das bekommen, was sie haben möchten. Wie gesagt, die Liste erhebt keinen Anspruch auf Vollständigkeit, wird dir aber einen ersten Überblick verschaffen.

Und egal, für welches Rad du dich letztlich entscheidest: Das Wichtigste ist, dass du Spaß bei der Suche hattest und Freude am Fahren hast.

KING KING
LYNSKEY
LYNSKEY

Websites und weiterführende Literatur

WEBSITES:

www.handmadebicycleshow.com
Auf der North American Handmade Bike Show kannst du einen Blick auf die neuesten handgefertigten Rahmen werfen.

www.fixedwheel.co.uk
Diese Seite hilft dir, die für dich sinnvollste Übersetzung zu finden. Darüber hinaus gibt es noch viele weitere nützliche Informationen und Tipps.

www.hubjub.co.uk
Eine hervorragende Seite für Fixies und Bahnräder.

www.bicyclebearing.com
Dieser Anbieter hat alle möglichen Lager im Sortiment.

www.weightweenies.starbike.com
Eine nützliche Quelle für alle, die ständig aufs Gewicht achten.

www.framebuilders.org
Zusammenschluss einiger der wichtigsten zeitgenössischen Rahmenbauer, darunter Richard Sachs und Dario Pegoretti.

www.dtswiss.com
Bietet nützliche Tools zur Berechnung der Speichenlänge und Laufradgewichte.

www.competitivecyclist.com
Viele tolle Angebote, nützliche Informationen und gute Ratschläge.

www.sapim.be
Fertigt Speichen für die Laufräder von Rolf, Zipp etc.

www.campagnolo.com
Mehr als nur eine Unternehmens-Homepage.

www.frameforum.org
Tolles Forum für Rahmenbau und ähnliche Themen.

www.velo-retro.com
Eine Fundgrube für Sammler und Enthusiasten.

www.campyonly.com
Alles, was man über Campagnolo wissen muss.

www.cyclocrossworld.com
Querfeldeinanbieter mit Online-Shop.

www.serottacyclinginstitute.com
Homepage des Serotta International Cycling Institute, das Fitting-Experten ausbildet.

www.sheldonbrown.com
Die beste Quelle für alle Fragen rund um Kompatibilität, Mechanik usw.

www.velobase.com
Du möchtest dir im wahrsten Sinne ein Bild von einer bestimmten Komponente machen? Hier bist du richtig.

www.retrobike.co.uk
Hauptsächlich Mountainbikes, dazu eine tolle Suchmaschine für Rad-Auktionen.

www.pezcyclingnews.com
Sehr brauchbare Seite rund um Radsport und Technik.

www.uci.ch
Hier findest du sämtliche Wettbewerbsbestimmungen und Regularien, die von der UCI vorgegeben werden.

www.disraeligears.co.uk
Unglaubliche Sammlung von Schaltwerken, mit vielen Bildern und technischen Informationen.

www.speedplay.com
Hersteller-Homepage mit einem tollen historischen Teil.

www.thehortoncollection.com
Memorabilia und mehr.

www.memoire-du-cyclisme.net
Umfangreiches Archiv mit Rennergebnissen und Teaminfos (auf Französisch).

www.shimano.com
Alles über den japanischen Komponentenhersteller.

www.classicrendezvous.com
Jede Menge Bilder und aktuelle Infos über klassische Komponenten.

BÜCHER:

Barnett, John
Barnett's Manual: Analysis and Procedure for Bicycle Mechanics
(Boulder, CO: VeloPress, 2003).
Die Bibel für alle Radmechaniker.

Berto, Frank J., Raymond Henry und Robert Shepherd
The Dancing Chain: History and Development of the Derailleur Bicycle
(San Francisco, CA: Van Der Plas Publications, 2008).
Hat ebenso viele Fans wie Kritiker, aber der Teil über die Geschichte der Schaltung ist mehr als ausführlich.

Borysewicz , Eddie
Bicycle Road Racing: Complete Program for Training and Competition
(Vermont: Vitesse Press, 1988).
Keine leichte Kost, aber ein Muss für alle Hobbyrennfahrer.

Bouvet, Philippe, Pierre Callewaert, Jean-Luc Gatellier und Serge Laget
Paris-Roubaix: A Journey Through Hell (Boulder, CO: VeloPress, 2007).
Ein tolles Buch über den härtesten Eintagesklassiker des Radsports.

Brandt, Jobst
The Bicycle Wheel (Pearl River, NY: Avocet Press, 1993).
Die Bibel für Laufradbauer und alle, die es werden möchten.

Burke, Edmund R. und Chris Carmichael
Serious Cycling (Pudsey, West Yorkshire: Human Kinetics Europe, 2002).
Für alle, die fitter und schneller werden möchten.

Burrows, Mike
Bicycle Design: The Search for the Perfect Machine (London: Snowbooks, 2008).
Allerlei Wissenswertes über Raddesign und -technologie.

De la Rosa, Denise M. und Michael J. Kolin
The Custom Bicycle: Buying, Setting Up and Riding the Quality Bicycle
(London: Thorsons, 1985).
Ein Klassiker, der auch nach 30 Jahren keineswegs veraltet ist.

Doughty, Simon
The Long Distance Cyclists' Handbook (Guilford, CT: Lyons Press, 2006).
Das beste Buch über das Langstrecken-Radfahren.

Facchinetti, Paolo und Guido Rubino
Campagnolo: Ein Unternehmen schreibt Fahrradgeschichte
(Bielefeld: Delius Klasing, 2009).
Reich bebildertes Buch über die Geschichte von Campagnolo.

Herlihy, David
Bicycle: The History (London: Yale University Press, 2004).
Ein etwas schrulliger, aber charmanter Bildband.

Paterek, Tim
The Paterek Manual For Bicycle Framebuilders
(California: Henry James, 2004).
Vollgepackt mit Informationen. Falls du dein eigenes Rad bauen möchtest, solltest du dieses Buch lesen.

Perry, David B.
Bike Cult: The Ultimate Guide to Human-Powered Vehicles
(New York, NY: Four Walls Eight Windows, 1995).
Radsport und Soziologie.

Schraner, Gerd
The Art of Wheelbuilding: A Bench Reference for Neophytes, Pros & Wheelaholics
(Ann Arbor, MI: Ann Arbor Press, 1999).
Er hat mir beigebracht, wie man ein Laufrad baut, und war jahrzehntelang als Mechaniker im Sechstage-Zirkus dabei.

Snowling, Steve und Ken Evans
Bicycle Mechanics: In Workshop and Competition
(Pudsey, West Yorkshire: Human Kinetics Europe, 1987).
Ein klassisches Nachschlagewerk für alle professionellen Radmechaniker.

Van Der Plas, Rob
Cycle History (Minneapolis, MN: Motorbooks International, 1988).
Ein gutes und lehrreiches Buch über die Geschichte des Fahrrads.

Van Der Plas, Rob
Fahrräder: Auswahl, Funktion, Wartung
(Bielefeld: Delius Klasing, 1999).
Ein bisschen veraltet, aber mit vielen wertvollen Ratschlägen von einem erfahrenen Mechaniker.

Wilson, David Gordon
Bicycling Science (Cambridge, MA: MIT Press, 2004).
Ein wissenschaftlicher Einblick in die Physik des Radfahrens.

Woodland, Les
Cycle Racing: Training To Win (London: Pelham Books, 1988).
Für mich das beste Buch über Trainingsmethoden und Radrennen.

Zinn, Lennard
Zinn and the Art of Road Bike Maintenance
(Boulder, CO: VeloPress, 2005).
Der Klassiker für alle Hobbyschrauber.

ZUR INSPIRATION:

Augendre, Jacques
Fausto Coppi (Ottershaw, Surrey: Bromley Books, 2000).
Reich bebildertes Werk über den stilvollsten Rennfahrer aller Zeiten.

Bobet, Jean
Tomorrow we ride (Norwich, Norfolk: Mousehold Press, 2008).
Ein Buch über die Liebe zum Radfahren, von einem früheren Profi, der sich auch aufs Schreiben versteht.

Brunel, Philippe
An Intimate Portrait of the Tour De France: Masters and Slaves of the Road
(Denver, CO: Buonpane Publications, 1977).
Ein tolles, wunderschön illustriertes Buch über das größte Radrennen der Welt.

Fournel, Paul
Need for the Bike (Nebraska: University of Nebraska Press, 2003).
Ein Buch mit Essays über den Reiz und die Schönheit des Radfahrens.

Krabbé, Tim
Das Rennen (Leipzig: Reclam, 2006).
Ein spannender Roman über ein Radrennen vom Autor von „Spurlos".

Seaton, Matt
Der Ausreißer. Meine Rennradjahre (München: Malik, 2003).
Ein wunderbares Buch darüber, wie unsere Radsportbesessenheit unseren Alltag bestimmt.

Strickland, Bill
Ten Points (New York, NY: Hyperion Books, 2007).
Inspirierende und sehr ehrliche Biografie eines Autors und Rennfahrers.

Danksagung

Mein persönlicher Dank gilt den Fotografen Gerard Brown, Ben Ingham und Camille J. McMillan. Ebenso danke ich Jonathan Bacon für seine detailversessene Aufmerksamkeit und dem „*Rouleur*"-Magazin, insbesondere natürlich den beiden Kollegen, die mir im Rahmen dieses Buches wertvolle Inspiration und Hilfe waren: Kadir Guirey und Rohan Dubash. Großen Dank schulde ich auch Jo Lightfoot und Donald Dinwiddie von Laurence King Publishing, die dieses Projekt mit großer Geduld und Entschlossenheit möglich gemacht haben. Und nicht zu vergessen Taz und Gino.

Ein ganz besonderes Dankeschön geht auch an alle Hersteller und Zulieferer, die mir bereitwillig geholfen haben:

Condor Cycles – Grant Young, Greg Needham, Neil Manning und all die Jungs in der Grays Inn Road, die dankenswerterweise immer da waren, um ein Problem zu beheben, und sei es in allerletzter Minute.

Shimano – Harald Troost
SRAM – Gaetan Vetois
Campagnolo – Tullio, der Mann, mit dem alles begann
Lightweight – Paul Bolwell bei Wiggle
Mavic – Michel Lethenet
Royce Engineering – Cliff Polton
Paul Components – Paul
Phil Wood – Darla Sasaki
Chris King – Chris DiStefano
Joe Ingram und die ganze Belegschaft von Independent Fabrication
Richard Sachs
Ernesto Colnago
Dario Pegoretti
Parlee – Tom Rodi und Bob Parlee
Ben Serotta und Phil Cavell
Continental – Shelley Childs
Fizik – Jamie Newall
Edge Composites – Jason Sager
Brooks – Andrea Menenghelli

Ebenso danke ich den folgenden Importeuren:
Madison Cycles – Albert Steward für San Marco, DT, Shimano, PRO, Elite und eine Menge anderer Teile
Upgrade Bikes – Dom Mason und Tom Marchment für TRP und mehr
Windwave – Peter Nisbet für Nokon und Colnago
Chicken & Sons – Mike Catlin und Cedric Chicken für TA, Time, Cinelli und Campagnolo
Sideways Cycles – Tim Johnson für White Industries

Guy Andrews

Register

Seitenzahlen im **Fettdruck** beziehen sich auf Abbildungen.

„Das Leben ist wie ein Fahrrad. Man muss sich vorwärts bewegen, um das Gleichgewicht nicht zu verlieren.“

ALBERT EINSTEIN